Bergschmidt – Jochen Schröder – Kpt. Hubert E... Günter
Weiland Wolfgang Sommerfeld – Ingrid H...
Rolf Wedow – Bernd Voß – Hannes Gräßler – ...
Krause – Gerhard Friese – Jonny Randow – Diete...
Bernd Jakobshagen – Friedhelm Bock – Volkhard Müller – Jürgen Suchy
Guntram Suczek – Kpt. Jochen Petsch – Klaus Dieter Belling – Steffen
Schmidt – Kpt. Jürgen Hanns Holz – Karl Heinz Göllnitz – Detlef Knut
Horst Lussi – Freddi Korthase – Fredo Fietz – Kpt. Gerhard Fietz – Heidi
Schlimkus – Eberhard und Ingrid Lanske – Dieter Schmeling – Bernd Kroll
Kpt. Richard Lehmann – Kpt. Kurt Bergemann – Horst Haberer – Alfred
Jäger – Rolf Halier – Siegfried Linke – Rolf Riegel – Jürgen Wilke – Herbert
Arndt – Kpt. Ingo Dietrich – Otto Karstädt – Kpt. Heinz Bonkewitz
Helmut Lipka – Ortwin Fuchs – Wilhelm Rügheimer – Gregor Günther
Dieter Harasim – Renate Richter – Kpt. Wolfgang Rehhagen – Kpt. Bernd
Coijanovic – Horst Wolfram – Alex Gräwe – Günter Gielow – Erwin Prescher
Heinrich Kutulla – Matthias Assenschmidt – Bernd Meyer – Bernd Schirm
Hans J. Kaufmann – Gert Fehling – Hans Christian Oldenburg – Kpt. Hans
Jürgen Brzytwa – Joachim Weyrich – Ewald von Mach – Achim Seidel
Kpt. Jürgen Petzold – Jörg Selter – Hartmut Beyer – Dietrich Bäßler
Eberhard Frebig – Frank Thielicke – Kpt. Georg Haasler – Kpt. Günther
Stankoweit – Kpt. Hans Funk – Hans Richter – Helmut Wehrmann – Kpt.
Karl Hoppe – Kpt. Karl Seifert – Kpt. Edde Nippert – Kpt. Willi
Paskowski – Uwe Dambold – Karl Heinz Walzak – Dietmar Klinger
Wolfgang Vollert – Kurt Bersak – Peter Schlicker – Reinhard Jennermann
Kpt. Volker Mitschke – Ernst Groß – Siegfried Maquardt – Robert Aretz
Jörg Hantscher – Klaus Koschorrek – Peter Berndt – Eckard Holzweissig
Peter Kornischke – Rudi Liest – Bernd Lohmann – Mathias May – Jens
Nickel – Lothar Oehme – Bernd Mutschler – Lutz Michaelis – Klaus Pingel
Andreas Morgen – Burghard Marun – Uwe Hammer – Manfred Jahn
Uwe Feige – Dieter Keminski – Hilmar Klotz – Othmar Müller – Thomas

Unsfisch -Verlag 2009

2. Auflage 2009
Layout, Typographie und Bildbearbeitung: Elisa Kröger
Texterfassung und Scans: Günther Kröger
Titelbild: W. K. Wittig, Archiv: Deutsches Meeresmuseum Stralsund
Fotos: Quellennachweis

Druck und Bindung: HB PRINT, s.r.o. Cheb – CZ
www.hbprint.cz
Tel.: 00420 354 408 828

ISBN: 978-3-9812869-0-8

Günther Kröger

In Kuba und Mosambik im Auftrag der Rostocker Hochseefischerei

Unsfisch
... Verlag

Günther Kröger

In Kuba und Mosambik im Auftrag der Rostocker Hochseefischerei

Ein Porträt von Kapitän Horst Dieter Seffner

mit Episoden und Geschichten vom Besatzungsaustausch und anderen Begebenheiten

**Ein Buch aus der Buchreihe:
„Hochseefischer, Menschen ganz besonderer Art“**

Unsfisch
... Verlag

Inhalt

Prolog	9 - 11
Wer ist dieser Kapitän Horst Dieter Seffner	13 - 17
Veränderungen in der Flottenleitung an Land	25 - 29
Fischereipolitik - dunkle Wolken ziehen auf	31 - 32
Besatzungsaustausch - eine gute Idee	33 - 35
Fischereivertreter in Havanna - Kapitän Klaus Dieter Soyka	37 - 38
Fischereihilfsschiff „Robert Koch"- unsere liebe, alte Dame	39 - 51
Kapitän Seffner als Fischereivertreter in Havanna	53 - 73
Mit dem Fischereihilfsschiff „Robert Koch" zum Besatzungsaustausch durch den Panamakanal in den Pazifik	75 - 80
Austauschhafen Acajutla	87 - 91
Wieder in Havanna	95 - 97
Mosambik - Fischereivertretung und Garnelenfischerei	99 - 111
Die Probleme werden nicht weniger und der Ärger nimmt zu. Kapitän Seffner schildert seine Erlebnisse in Maputo	115 - 117

Meine wenigen Kenntnisse zur Thunfischerei wurden mir zum Verhängnis	119 - 130
Einsatz an Land	131 - 134
Wieder zurück in Maquto und in der Garnelenfischerei	135 - 156
Fischerei mit Saßnitzer Kuttern in Beira - ich leite ein kleines Unternehmen gegen den Hunger der Bevölkerung	157 - 171
Nachgesang	177 - 178
Besatzungslisten	179 - 180
Glossar	181 - 186
Bildquellennaachweis	187 - 190

Prolog

Es sollte eigentlich ein Porträt in meinem zweiten Buch „Hochseefischer, Menschen ganz besonderer Art“, werden. Ich überlegte es mir anders.
Unser Fischereivertreter in Kuba und Mosambik, Kapitän Horst Dieter Seffner, erzählte mir aus seinem Arbeitsleben. Er berichtete über Geschichten und Episoden, die er mit unseren Hochseefischern erlebte und beim Schreiben fand ich viele, einfach dazu gehörende Begebenheiten, die nun dieses Buch füllen.
Seien wir mal ehrlich, wer hätte von uns in den Anfangsjahren der Rostocker Hochseefischerei daran gedacht, dass wir einmal eine Fischereivertretung in einigen Ländern zur Sicherung unseres Flotteneinsatzes benötigten. Bestimmt niemand oder doch? Schrieb nicht Eduard Claudius in seinem Buch „Seemannsgarn - neu gesponnen“ schon 1954 von einer Fischerei unserer Flotte im Pazifik, vor der Küste von China und Vietnam? Wäre es wahr geworden, dann hätten wir dort zwangsläufig eine Fischereivertretung eingerichtet.
In diesem Buch möchte ich über Geschichten und Episoden erzählen, die unsere Hochseefischer beim Besatzungsaustausch und bei anderen Begebenheiten erlebten. Sie sind ein belebender Bestandteil des Porträts über Kapitän Seffner, der natürlich im Mittelpunkt dieses Buches steht. Sein Werdegang in der Rostocker Hochseefischerei gleicht in den ersten Jahren all den anderen Entwicklungswegen, die unsere Kapitäne gehen mussten und doch hat er etwas Besonderes an sich.
Er war Lehrling, wurde Matrose, Bestmann und nach dem ersten Schulbesuch Steuermann in der Flotte. Als sich danach die Gelegenheit bot, besuchte er erneut die Seefahrtsschule in Wustrow. Zurück kam er mit dem Zeugnis als Kapitän in Großer Hochseefischerei. Wieder fuhr er als Steuermann und als er sein Patent erhielt, war sein erstes Schiff die „Hanno Günther“ als Kapitän.
Danach erfolgten Einsätze auf Fang- und Verarbeitungsschiffen als Kapitän und auf dem Hilfsschiff „Robert Koch“ führte er die ersten Besatzungsaustausche durch. Er war es auch, der mit der „Robert Koch“ durch den Panamakanal fuhr und dort im Pazifik über San

Salvador unsere Besatzungen austauschte. Doch dann ging er einen besonderen Weg, er wurde Fischereivertreter.
Wir wussten damals, dass er ruhig und sachlich, aber konsequent und exakt an der Erfüllung seiner Aufgaben arbeitete. Er verlor auch nie die Geduld im Umgang mit anderen Menschen und er setzte sich für die Hochseefischer ein. So einen Kapitän und Kollegen benötigten wir in Kuba und später in Mosambik. Wir kennen alle die Mentalität der Menschen in den südlichen Ländern. Nur nichts übereilen, keine Hektik. Manjana, Manjana, diese Haltung der Menschen in Kuba machten die meisten unserer Kapitäne und auch unsere Besatzungen nervös und unruhig. Er behielt die Nerven in allen Situationen. Wir benötigten dort auch jemanden, der so was wie ein Organisationstalent war. Mit eingetretenen Situationen durfte er sich nicht zufrieden geben. Ja, wir brauchten dort einen Mann, der Probleme lösen konnte und dabei immer an unsere Besatzungen dachte. Mit Kapitän Horst Dieter Seffner hatten wir einen guten Mann gefunden. Sie werden natürlich feststellen, er hatte auch seine Besonderheiten. Manchmal fehlte im so was wie ein diplomatisches Verhalten. Weniger dort mit den Behörden oder unseren Besatzungen, als vielmehr bei Besuchen unserer Regierungsvertreter. Bei ihnen trat er prompt ins Fettnäpfchen, weil er geradezu antwortete und die Tatsachen beim Namen nannte, nichts umschrieb oder besser gesagt, diplomatisch umschiffte.
Er hatte schon seine Eigenarten, wie jeder von uns. Auch Auseinandersetzungen mit unseren Kapitänen und den Besatzungen blieben nicht aus. Sie hatten oftmals andere Auffassungen und Vorstellungen von den Abläufen im Ausland mit den dortigen Partnern. Doch für uns in der Rostocker Fangdirektion, war der Erfolg in der Erledigung der übertragenden Aufgaben ausschlaggebend.
Miterleben können Sie auch, wie ihm das Herz blutete, als er die hungernden Menschen im Norden von Mosambik vor Augen hatte. Noch heute kann er die Bilder nicht vergessen. Ihm ist es mit zu verdanken, dass vier Kutterbesatzungen aus Saßnitz, dort in Beira, im Norden des Landes, für die Menschen im Einsatz waren und durch ihre Fischerei den Hunger linderten.
Wenn unsere Besatzungen in Havanna landeten oder nach Berlin

ausflogen, hörte ich oftmals von den Hochseefischern: „Diese Arbeit als Fischereivertreter wäre auch etwas für mich. Sonne und Meer und den berühmten Kubarum schlürfen, so lässt es sich leben!"
Ich kann nur sagen, es war ein knallharter Job, den Kapitän Seffner sich aufgeladen hatte. Sie werden es, wenn sie dieses Buch gelesen haben, selbst empfinden.

Ihr Günther Kröger

H.D.Seffner, als 1. Steuermann auf dem Logger „Patriot“

Wer ist dieser Kapitän Horst Dieter Seffner?

Es ist nichts Ungewöhnliches, wir wurden nach der Wende gute Freunde und verstehen uns auch ohne große Worte oder irgendwelchen Aktionen. Wir sehen uns im Jahr einmal zum Kapitänstreffen und einmal zum Kutterfest im Harz bei Fredo. Schreiben uns aber jede Menge Mails und wissen deshalb immer, was sich in der Fischerei abspielt, wie es uns und unseren ehemaligen Kollegen geht. Ich muss diese Aussage ein bisschen einschränken und korrigieren, soweit die vielen Neuigkeiten und wichtigen Informationen zu uns dringen. Es handelt sich aber doch um eine ganze Menge und so mancher würde sich wundern, was so an Neuigkeiten bei uns an Land geschwemmt wird.

Ich glaube, diese Verbindung tut uns beiden gut, Horst Seffner und mir. Früher sind wir uns weniger begegnet. Es war nicht verwunderlich, denn er gehörte in meinen Anfangsjahren an Land, in der Fangdirektion nicht in meinen Flottenbereich. Und später, bei seinen Visiten in der Fangleitung oder sonst im Betrieb, war ich oft nicht da oder hatte auch manchmal nicht ausreichend Zeit, um mich mit ihm über Alltägliches und Spezielles auszutauschen. Wir verkehrten viel mehr per Telegramm oder Anrufe oder auch durch kurz gefasste Berichte.

Heute würde ich sagen, dass war nicht immer gut und die Zeit für ausführliche Gespräche hätte da sein müssen. Die holten wir jedoch nach, wenn wir uns im Ausland trafen.

Wer war nun Horst-Dieter Seffner? Für mich gab es immer nur einen Horst Seffner. Den Dieter habe ich erst jetzt mitbekommen. Egal, er bleibt was er ist, ein guter Fachmann und ein zuverlässiger Mensch. Ein Kapitän, ein Mann, den wir mit Aufgaben aller Art betrauen konnten. Ich kann zuverlässig berichten, er hat uns nie enttäuscht. Mit seiner Bescheidenheit und Zurückhaltung hat er sich nie in den Vordergrund gedrängt. Probleme machte er mit sich alleine aus. Ging die begonnene Arbeit nicht voran, gab es Stolpersteine, weil die eine oder andere Maßnahme nicht so lief, wie es sein sollte, biss er die Zähne zusammen. Er trat von einem Fuß auf den anderen oder fluchte und stampfte auf dem Boden. Oder er öffnete den Wandschrank und kippte sich einen Kräuterlikör hinter die Binde. Das macht er heute noch.

Ich dachte anfangs, er ist älter als ich. Er ist aber jünger, ein Jahrgang 37. Seine Eltern lebten in Neubukow. Der Vater blieb im Krieg, seine Mutter zog ihn alleine groß. Doch sie hatte es schwer in ihrem Leben, sie war gehbehindert. Es ergab sich von alleine, dass er immer viel zu Hause helfen und sie unterstützen musste. Es machte ihm nichts aus, er half gerne und wusste, wo er anzufassen hatte. Erst kam die Hausarbeit, dann seine Interessen.

Nach der Achtklassenschule 1953 im Sommer, lernte er Hochseefischer in Rostock. Die Berufe an Land sagten ihm nicht zu. Seine Mutter meinte damals zu den Nachbarn: „Er will die Welt sehen und das Meer und die See haben ihn schon immer begeistert. Er ist auch ein neugieriger Junge, der andere Menschen kennen lernen möchte und da ist er erst mal bei der Rostocker Hochseefischerei richtig!“ Die Mutter hatte es damals schon richtig gesehen und kannte ihren Jungen. Sie wusste, er würde lernen und vorwärts streben und auch mal später etwas mehr Geld in den Fingern haben wollen. Nach zwei Jahren hatte Horst Seffner 1955 ausgelernt. Nun fuhr er als Matrose auf dem Logger „Karl von Ossietzky“, bis er zur Seefahrtsschule ging. Sein Kapitän Willi Birnbaum hatte gut mit dem Matrosen Seffner gearbeitet. Er hatte ihn zu einem guten Seemann erzogen, der sein Handwerk verstand. Wichtig war vor allen Dingen, er sah die notwendige Arbeit von alleine. Sah, wo angefasst werden musste; oder wo gegenseitige Hilfe und Unterstützung notwendig war. Auf ihn war Verlass bei übertragenen kleinen und großen Aufgaben. Und er wollte mehr in seinem Beruf erreichen.

Im Jahr 1958 erwarb er seine ersten beiden Patente B2 und B4 S. Nun heuerte er als 2. Steuermann auf dem Logger „Patriot“ bei Kapitän Fritz Stender aus Wustrow an. Zu seinem 21. Geburtstag wurde er dort an Bord als 1. Steuermann umgemustert. Hier an Bord fühlte er sich wohl und die Arbeit bereitete Freude.

Bei seinen Reisen in die Barentssee hatte er in den letzten Jahren die Murmansker Verarbeitungsschiffe beobachtet und auch andere Küstenstaaten stellten modernere Fischereischiffe in Dienst. Er dachte, wenn ich die Gelegenheit habe, dann will ich unbedingt auf so einem Fischereischiff fahren. 1960 kamen unsere ersten Verarbeiter und er hatte Glück. Ja, er hatte großes Glück, wie er selber sagte, denn 1962 ging er zur Bauaufsicht und stellte mit Kapitän Peter Burmeister das Fang- und Verarbeitungsschiff „F. C. Weisskopf" am 01.Januar 1963 in Dienst.

Wir hatten uns wieder einmal bei einem Kapitänstreffen in Cuxhaven getroffen und er erzählte von seinen ersten Reisen auf diesen Schiffen. Es war damals sehr spät geworden und mir kam der Gedanke, als wir über seine Erlebnisse als Fischereivertreter sprachen, du solltest seine Geschichten aufschreiben. Am nächsten Tag stand bei mir fest, dass die eigentliche Tätigkeit, die unsere eingesetzten Kapitäne in Kuba und Mosambik ausübten, gar nicht im vollem Umfang bekannt waren. Vor allem aber gab es eine Masse an Episoden, die sich dort im Ausland abspielten, die ich festhalten wollte.
So machte ich einen Treff mit ihm aus und er erzählte mehr aus seinem Arbeitsleben und von seinen erlebten Geschichten.

Horst Dieter Seffner erzählte:
„Wie fast alle meine Kollegen, begann ich in der FVS - Flotte als 3. Steuermann. Lernte also auch hier, auf einem Großschiff, die Arbeit von der Pike auf an." *Ich denke, es war Genugtuung und ein bisschen Stolz in seinem Gesichtsausdruck, in diesem etwas versteckten Lächeln, als er dann mit dem Erzählen fortfuhr:*
„Im Jahr 1965 bin ich erneut in Wustrow gewesen und erwarb dort an der Schule das Zeugnis für das Patent B6. Ich freute mich riesig und zu Hause war meine Mutter stolz auf ihren Sohn. Eines meiner Ziele hatte ich erreicht. Nach der Abgabe meiner Beobachtungen und anderen Berechnungen erhielt ich das Kapitänspatent in Großer Hochseefischerei. Als 1. Offizier ging ich an Bord von „J. R. Becher". Das Schiff wurde von Kapitän Karl Warnack geführt. Ich hatte keine Scheu bei ihm an Bord zu gehen, obwohl bekannt war, dass er so seine besonderen Eigenarten hatte. Manche Steuerleute waren schnell nach der ersten Reise verschwunden, weil sie nicht mit ihm klar kamen, sich nicht mit seinen Macken anfreunden konnten.

Ich habe ausgehalten und lernte sehr viel von diesem erfahrenen Fischersmann. Ich fühlte mich wohl an Bord und verdiente gutes Geld. Viele erzählten immer, wo Warnack sein Netz aussetzt, da ist auch der Fisch. Ich konnte feststellen, dass an diesem Gerede doch viel dran war. Er hatte eine glückliche Hand, wie man sagte, war meistens am richtigen Platz, hatte oftmals mit dem Wetter Glück und fing seinen Fisch. Das mit der richtigen Nase und dem Glück ließ Karl Warnack stillschweigend, mit einem Schmunzeln über sich ergehen. Darüber reden war nicht sein Ding. Er war ja auch ein Ostpreuße und redete nur, wenn es absolut notwendig wurde.
Bestimmt überlegte er im Stillen vielleicht mehr als seine Kollegen, wenn er seinen Fangplatz auswählte, wenn er zu Hause seine Reise vorbereitete. Auf jeden Fall war er anders als all meine Kollegen, anders in seinem Auftreten gegenüber seiner Besatzung und auch in seinen Handlungen. Er war schon ein Fischer mit riesigen Erfahrungen, Tatkraft und Mut, hatte viel Glück, aber auch manchmal sonderbare Ansichten und auch mit einem ziemlich dicken Fell ausgestattet. So leicht ließ er sich nicht aus der Ruhe bringen. Ich bewunderte und schätzte ihn sehr. Solch eine Meinung vertrat ich nicht alleine. Im Stillen dachten auch meine Kollegen von Karl Warnack nicht anders. Es war eine gute Zeit.
Mein erstes Schiff als Kapitän war der Zubringertrawler „Hanno Günther“. Danach übernahm ich das FVS „J. R. Becher“ als Kapitän und in der weiteren Zeit machte ich Vertretungsreisen auf den Schiffen „Willi Bredel“ und „Bernhard Kellermann“ und anderen Großschiffen, war auf allen bekannten Fangplätzen.“

Horst Dieter Seffner lehnte sich zurück in seinem Bürostuhl. Wir unterhielten uns in Wismar im Büro der Spedition seines Sohnes. Hier arbeitete es immer noch und half Umzüge in die ganze Welt zu organisieren. Wenn ich aus dem Fenster schaute, sah ich die riesigen Möbelautos mit der Aufschrift: „Seffner Umzüge“.

Er meinte: „Ich habe mein Leben lang gearbeitet und warum soll ich es nicht jetzt auch tun, solange es meine Gesundheit noch zulässt. Ich werde wieder gebraucht, was in der Hochseefischerei nach der Wende

nicht so war. Wir mussten alle gehen, standen hier an Land vor einem Nichts, nur unser Wissen und die gewonnene Lebenserfahrung konnte uns weiter helfen. Woanders zur See fahren wollte ich nicht mehr. Ich investierte meine Kräfte bei meinem Sohn in der Firma, hier in Wismar. Half mit, wo ich nur konnte.
Ich kann sagen, das Geschäft floriert. Wir haben es geschafft und haben Arbeit über Arbeit. Es ist beinahe so, als wenn die Menschen auf der Flucht sind und von hier nur weg wollen. Viele junge Leute gehen ins Ausland. Das hat jetzt noch zugenommen. Andere ziehen in den Westen, wo sie wohl eine Arbeit fanden. Ich mache mir große Sorgen um die Entwicklung hier in Mecklenburg-Vorpommern. So kann es nicht weiter gehen. Hier muss sich mehr Industrie ansiedeln. Die Schifffahrt und der Hafen alleine können die notwendige Entwicklung nicht tragen. Ich frage mich oft, warum ist es so schwierig Investoren zu finden und neue Industrien hier anzusiedeln? Mecklenburg-Vorpommern ist doch ein wunderschönes Land mit vielen gebildeten Fachleuten. Kannst du das verstehen? Es ist zum Verrücktwerden, dass hier so wenig passiert."
Ich gab ihm recht und meinte, viele Menschen denken so. Die Jugend sollte den Kampf aufnehmen, vorangehen, sie sind die Leittragenden, wir werden nichts mehr ändern. Arbeite, solange du es kannst. Wir brauchen die Arbeit, um fit zu bleiben, so ist es nun mal.
Wir redeten damals in Wismar noch lange über alles Mögliche, vor allem aber über die Hochseefischerei. Da ich aber mehr wissen wollte, machten wir einen neuen Treff aus.
Halten wir einmal fest, das war der erste Lebensabschnitt von unserem Kapitän Horst-Dieter Seffner in der Hochseefischerei.

ı Grönland / Gothaab mit dem FVS,
F.C. Weisskopf“ vor Anker. H.D.Seffner als 3.Offizier

Heringe an Deck

uf dem Logger „Karl von Ossictzky“ fuhr H.D. Seffner als Lehrling

Kabeljau an Deck

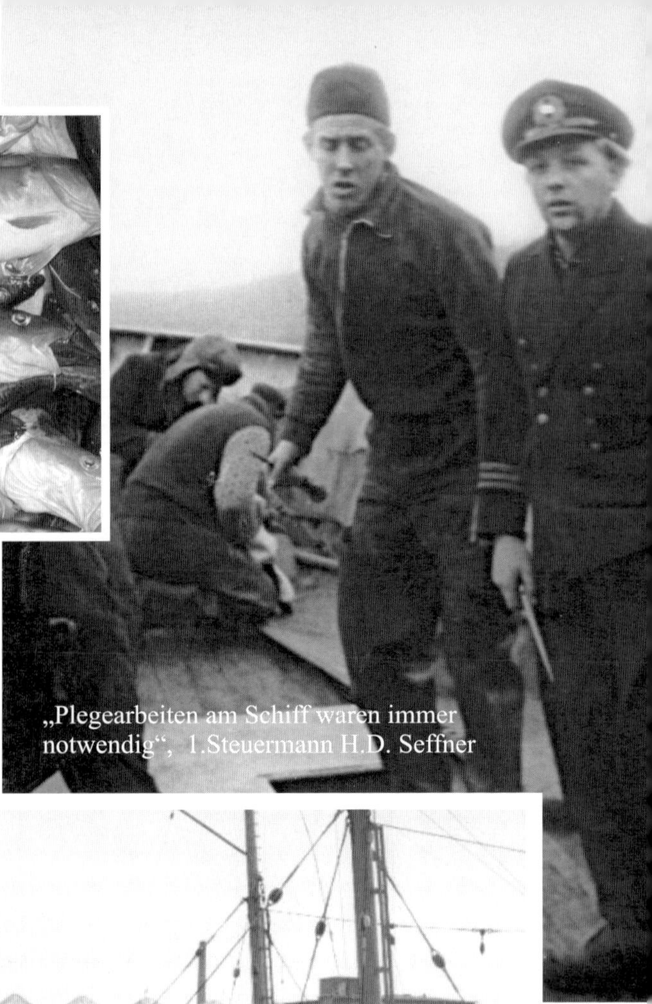

„Plegearbeiten am Schiff waren immer notwendig", 1.Steuermann H.D. Seffner

Mit dem „Alten" Fischereihafen begann die Rostocker Hochseefischerei

Alter Fischereihafen Rostock- Marienehe

„Johannes R.Becher“, sein erstes Groß-
schiff als Kapitän

gierige Möwen

Erste Aufgabe eines Kapitäns:
-eine gute Besatzung bilden.

Besatzung Logger „Patriot“ mit Kpt.Fritz Stender und 1.Steuermann H.D.Seffner

An der Eisgrenze mit dem Zubringertrawler - Geschirrarbeiten

„Hanno Günther“ im Eis

Als Kapitän auf der „J.R.Becher“ mit Produktionsleiter Gregor Günther

Veränderungen in der Flottenleitung an Land

Und nun schreiben wir das Jahr 1973.

Das Jahr 1973 hatte es in sich, dachte ich, als ich die Zeitungsausschnitte und meine Unterlagen aus dieser Zeit ansah. Es waren Ereignisse eingetreten, die Veränderungen nach sich zogen. Für mich schien in der Fangdirektion ein besonderer Lebensabschnitt in der Rostocker Hochseefischerei begonnen zu haben. Durch ein Flugzeugunglück in Bulgarien hatten wir unseren Generaldirektor, unseren Kombinatsdirektor und einen engen Mitarbeiter des GD verloren.

Fritz Dettmann und Heinz Daduna waren Führungspersonen, die eine Menge Veränderungen in der VVB Hochseefischerei und im Fischkombinat Rostock bewirkt hatten. Vor allem hatten sie in unserem Ministerium in Berlin dafür gesorgt, dass die Hochseefischerei dort ein neues Gesicht bekam und wir als Industriezweig anders als vorher behandelt wurden. Sowohl Dettmann als auch Daduna waren nicht immer bequeme Leiter. So sollte es ja auch sein. Ich kann von mir behaupten, dass ich beide mochte und auch gut mit ihnen auskam. Ich denke, sie konnten mit Menschen ganz gut umgehen. Sie beurteilten Situationen, Probleme und die weitere Entwicklung unseres Zweiges mit großer Sachlichkeit und großer fachlicher Kompetenz. Die Veränderung vieler eingefahrener Wege erfolgte unter ihrer Leitung, sowohl in der Arbeit mit der Flotte, in der Flotte selbst, als auch im Kombinat. Von den Leitern in den unterschiedlichsten Funktionen und den Mitarbeitern wurde viel verlangt. Ihre Forderungen an unsere Einsatzbereitschaft waren nie so hoch, wie zu dieser Zeit. Das ging schon ganz schön an die Substanz, denn oftmals waren wir Tag und Nacht im Betrieb, wenn es um das Ein- oder Auslaufen der Fangschiffe ging. Bei mir zu Hause sagte meine Familie: „Schlag dein Bett doch gleich im Kombinat auf.“ Und Peter Draht, der wie ich damals Fangleiter war, meinte: „Irgendwie werden wir wohl bald auf oder unter dem Schreibtisch schlafen. Hier bekommen wir weniger Schlaf, als auf See in der Fischerei.“ Mir machte es trotzdem Spaß. Unser Generaldirektor und unser unmittelbarer Chef, der

Kombinatsdirektor, beide gingen in ihrer Art und mit ihren Handlungen immer vernünftig mit uns um. Wir durften auch mal Fehler machen.
Es kam immer wieder vor, dass wir aus der Fangdirektion direkt zum General, wie wir sagten, zum Rapport bestellt wurden. Hatten wir, seiner Meinung nach, was verkehrt gemacht, dann schiss er uns mächtig zusammen. Einmal meinte er: „Ihr als Genossen, seit für fast 5000 Hochseefischer verantwortlich und ich sehe hier nur schäbige Zivilisten! Wo ist eure Uniform?“ Rolf Holzapfel und ich, wir schauten uns beide ungläubig an. Wir hatten keine und bisher brauchten wir bei unserer Arbeit auch keine. Letztendlich wurde eine Festlegung getroffen und die Uniformordnung für die Flotte eingeführt. Nach so einer Aussprache bei unserem Generaldirektor wurde er dann wieder ganz normal und lud uns zu einem Kaffee ein. Er sprach mit uns über den Flotteneinsatz oder anderen Problemen in der Flotte, die er nicht verstanden hatte. Wir erlebten bei ihm auch manchmal, wie er mit unserem Minister telefonierte. Er stand dann hinter seinem Schreibtisch stramm, wie ein richtiger General. Das war schon für uns bewundernswert. Hatte man mal ganz besondere Sorgen, konnte wir schon damit zu ihm gehen und sie vortragen. Wenn er konnte, half er auch.
Bei diesen Kontakten übergingen wir nie unseren Kombinatsdirektor. Heinz Daduna war in meinen Augen eine hervorragende Persönlichkeit. Mit nie ermüdender Energie trieb er die Entwicklung der Hochseefischerei voran. Seine Festlegungen waren eindeutig und er war streng bei seinen Kontrollen. Trotzdem sah er über manche Schwächen seiner Mitarbeiter hinweg.
Ich erinnere mich noch gut an die täglichen Besprechungen zur Sicherung der Auslauftermine der Schiffe. Heinz Daduna führte sie am Nachmittag des Tages, so um 16.00 Uhr herum selbst durch. Jeder von uns musste für seinen Verantwortungsbereich den Stand der Arbeiten exakt darlegen und auf Berührungspunkte zu anderen Bereichen hinweisen, die eventuell das Auslaufen verzögern würden. Diese täglichen Zusammenkünfte waren immer interessant; und oftmals zog er uns die Hosen aus, wenn wir nicht alle Möglichkeiten ausschöpften, um den Auslauftermin der Schiffe zu halten. Gab es

trotzdem Schwierigkeiten mit diesen Terminen, tanzten wir gegen 18.00 Uhr noch einmal an oder er lud oftmals zur letzten Beratung gegen 21.00 Uhr ein. Man kann sich vorstellen, dass jeder rotierte und bemüht war seine Arbeit vernünftig zu machen. Auch die Zusammenarbeit untereinander wurde mächtig aufgefrischt. So manchen Einsatztag für die Schiffe konnten wir durch diese Methode gewinnen. Wie er selbst immer sagte, sollte diese Arbeitsweise kein Dauerzustand sein und so analysierten wir in bestimmten Zeiträumen das Zusammenspiel der Abteilungen und Bereiche und trafen für die Sicherung der Ausläufe der Schiffe nutzbringende Entscheidungen. Wir hatten aber auch unseren Spaß bei diesen Beratungen. Er forderte von uns, dass wir frühzeitig die Anforderungen der Schiffe nach Netzen oder Tauwerk oder anderen Ersatzteilen vorzulegen hatten. Doch von einigen Trawlern kam manchmal einfach nichts. Einmal fragte er, was für Reparaturnetze der Kapitän des Trawlers „Halle“ an Bord hätte und welche Neuanforderungen für Netze bei mir und dem Netzboden wären. Da ich keine Anforderungen vorliegen hatte, gab es am ersten Tag nur einen Hinweis von ihm. Ich versuchte den Trawler anzurufen, es kam aber damals keine Verbindung zustande. Also versuchte ich es mit einem Telegramm. Am nächsten Tag lag immer noch nichts vor und genau so war es am übernächsten Tag. Meinen Anschiss hatte ich mir schon abgeholt und der nächste stand ebenfalls fest. Mein Kollege Peter Draht meinte, es ist schon so ein Problem mit der Verbindung zu den Schiffen mit unseren alten Sendern und Empfängern. Nimm ein Telegrammformular und schreib' dir selbst ein Telegramm mit den Bestellungen. Mach Druck auf den Alten des Schiffes, der Mann soll dich nicht hängen lassen. Hast du das richtige Telegramm vorliegen, dann korrigierst du einfach die Bestellung. Mit dem Netzboden kannst du eine solche Lage absprechen. Ich war damals eine Zeit lang auf Schule gewesen und musste mich erst mal wieder in die Abläufe hineinfinden. Nun hatte ich Ruhe. Sicherlich hatte ich ein schlechtes Gewissen, aber ich hatte Zeit für andere wichtige Dinge. Doch mit den Besatzungen hatten wir danach auch keine Schwierigkeiten mehr. Sie kannten nun die Abläufe und wollten selbst keine Schwierigkeiten bekommen. Lustig war es, wenn der damalige Chef der

Arbeitskräfteinspektion nach Besatzungsveränderungen auf den Schiffen abgefragt wurde. Walter Baustian konnte sehr schlecht sehen, dafür hatte er aber ein ausgeprägtes Gedächnis. Er hatte oft die Unterlagen auf dem Kopf in den Händen und las diese dann so unserem Chef vor.
Doch unser Chef war selber mit allen Wassern gewaschen und durchschaute oftmals unsere Tricks. Wir wussten, er kannte unsere Schwächen und Stärken und konnte die Leistungen des Einzelnen gut einschätzen. Er behandelte uns sauber und gerecht. Und danach hatten wir uns eigentlich schon eine ganze Zeit lang gesehnt. Es machte uns wenig aus, wenn wir oftmals noch spät am Abend an Bord der auslaufenden Schiffe waren. Wenn sie uns kritisierten und hart anfassten, dann hatte es auch seine Berechtigung. War nicht wie so oft in der Vergangenheit irgendwo hergeholt. Unsere Kapitäne und Besatzungen sahen diese Veränderungen und zogen mit, unterstützten und halfen.
Später stellten wir diese abendlichen Kontrollberatungen ein und klärten vorher ab, woran wir mit den Auslaufterminen waren. Die Termintreue im Hafen blieb aber immer ein Problem. Heinz Daduna hatte uns in der Organisation der Prozesse im Hafen viel beigebracht.

Doch jetzt, nach dem Flugzeugunglück, begann wieder eine neue Zeit. Fritz Hartung wurde damals als Kombinatsdirektor eingesetzt und ich wurde Fangdirektor. Ich brauchte keine Einarbeitungszeit, weil ich ja seit geraumer Zeit sein Stellvertreter in der Fangdirektion war und davor als Bereichsleiter und Fangleiter gearbeitet hatte. Als Bereichsleiter holte ich mir Kapitän Egon Müller und in der Wissenschaftlichen Einsatzzentrale kam nach dem Ausscheiden von Dr. Biester - der zur Uni Rostock ging - sein Stellvertreter, der Diplom-Biologe Peter Draffehn.
Die Arbeit lief weiter, wenn auch etwas anders als zuvor. Ich denke, jeder von uns hatte seine eigenen Vorgehensweisen in der Arbeit. Wir wussten, was wir zu tun hatten und verfügten über sehr gute Führungskader und Mitarbeiter im Kombinat und in der Fangdirektion. Ich denke wir waren ein gut eingespieltes Team. Doch wir hatten Sorgen, wenn wir an die Zukunft und den Einsatz der

großen Flotte dachten. Unsere Kapitäne hatten sich an die mit ihnen gemeinsam erarbeiteten Einsatzkonzeptionen für die komplette Flotte gewöhnt. So wie in den Anfangsjahren, als die Kapitäne ihre Fangplätze alleine aussuchten, gab es diese Verfahrensweise schon lange nicht mehr. In den Einsatzkonzeptionen waren alle wertvollen Erkenntnisse unsere Kapitäne, ihr umfangreiches Wissen aus der bisherigen Fischerei, verbunden mit den aktuellen biologischen Einschätzungen, eingebunden. Ihre jahrelangen Erfahrungen wurden dabei nicht vernachlässigt. Das wussten unsere Hochseefischer auch sehr gut. Mit der Flottillenfischerei waren natürlich die dazu gehörigen Fangschiffe an die Mutterschiffe gebunden und sie mussten schon mit in die festgelegten, ausgewählten Fanggebiete fahren. Die materiell-technische Absicherung des Flotteneinsatzes, auch die Forderungen der Verarbeitungsindustrie und des Handels, erforderte von uns solche Verfahrensweisen. Später kamen dann noch die Regulierungen der Küstenstaaten dazu, die wir zu beachten hatten. Unser Fangplan ließ mit seinen hohen Vorgaben, keine Spielerei zu. Die Kapitäne und Besatzungen meinten: „Die Forderungen sind immer hoch, wir stehen immer unter Druck, unsere Einsatzmöglichkeiten müssen wir schon voll ausschöpfen, wenn wir Bestehen wollen.“ Sie sahen aber auch an den Ergebnissen, dass es vorwärts ging. Ab 1968 hatten wir im Fang die 200.000 t Grenze überschritten und unsere Fischfangergebnisse steigerten wir in diesem Jahr (1973) auf über 214.000 Tonnen. Die Besatzungen waren zufrieden und für uns in der Fangdirektion war es ein Zeichen, dass der eingeschlagene Weg in der Leitung der Flotte sich bewährte.

Fischereipolitik - dunkle Wolken ziehen auf

Trotz alledem machte uns diese Entwicklung nicht blind. Es zeichneten sich für die Rostocker Hochseefischerei dunkle Wolken am Himmel ab, die durch uns nicht zu beeinflussen waren. Sorgen bereiteten uns die Küstenstaaten auf der ganzen Welt. Wir gehörten ja zu den Staaten, die keine ausreichenden Fischereigebiete vor der eigenen Haustür hatten - außer dem kleinen Gebiet der Ostsee. Wir machten uns im kleinen Kreis immer wieder Gedanken und stellten uns die Frage, was passiert und welche Konsequenzen wird die Errichtung von 200 Seemeilen Wirtschaftszonen durch die Küstenstaaten für uns haben.
Die beiden, bisherigen UNO – Seerechtskonferenzen zeigten uns, dass die Küstenstaaten die Ressourcen vor der eigenen Haustür selber nutzen und nicht zuletzt damit Geld verdienen wollten. Wir dachten auch an Chile und Argentinien, die der weltweiten Entwicklung vorgegriffen hatten. Doch diese Gebiete lagen erst mal weit weg und betrafen uns zur Zeit wenig, dagegen aber der Gedanke, dass Island den gleichen Weg gehen wollte. Hier schien die Aussperrung fremder Fischereischiffe beschlossene Sache zu sein. So mancher unserer Kapitäne teilte diese Sorgen mit uns und sprach in den Ausklarierungsgesprächen an, was uns in der Fangdirektion bedrückte. Es war ja auch ihr Problem und wir diskutierten lange darüber. Wir bezogen sie immer mit ein und vermittelten unsere Gedanken. Es war nicht anders zu erwarten, unsere Kapitäne reagierten recht unterschiedlich. Die meisten von ihnen unterstützten unsere Ideen, machten Vorschläge zur Umsetzung, andere schimpften, fluchten und stellten erst mal alles in Frage. Andere meinten, so einfach kann doch niemand die Freiheit der Meere so drastisch beschneiden, pochten auf uralte Rechte. Und manche waren nur ruhig, gingen in sich, zogen ihre Schultern hoch und antworteten: "Wir werden nichts daran ändern, wir müssen sehen, wie wir damit fertig werden. Aber eure Vorschläge und Gedanken werden wir unterstützen und umsetzen".
Wir dachten an unsere Arbeit und unser Wirken in den großen internationalen Fischereiorganisationen, denen wir 1973/1974

beitraten. Manchmal kam dann wieder Hoffnung auf und wir schöpften neuen Mut. Für die Auseinandersetzung bei den Tagungen in Ottawa, London oder Warschau waren wir immer gut gerüstet. Grundlage für die Quotenvergabe waren unter anderem auch die bisherigen Fangergebnisse, die wir in den einzelnen Gebieten der Küstenstaaten zuvor erreicht hatten. Aber es war in diesen Fischereiorganisationen immer ein zähes Ringen um die Höhe der Fangquoten. Ob wir wollten oder nicht, wir mussten Einschnitte verkraften, die unsere Aktivitäten doch sehr einschränkten. Zwangsläufig stagnierten wir in unserer Entwicklung. Jeder erinnert sich, wir waren gezwungen die Fernfischerei auszuweiten und neue Einsatzstrategien einzuführen. Wir standen unter dem Druck, dass die erreichten Leistungen im Fischfang und damit das Versorgungsvolumen gehalten werden sollten. Dies war die Zielstellung unserer Regierung.
Doch oftmals fragten wir uns, wie sollen wir diese Zielstellung erfüllen? Wir versuchten viele Dinge und mussten letztendlich einsehen, dass wir in den nächsten Jahren den Fischfang in der jetzigen Größenordnung nicht halten konnten. Mit unseren Aktivitäten und neuen Überlegungen war es nur möglich, den Rückgang so lange wie möglich aufzuhalten.
Dazu nutzten wir unsere neuen Fischereifahrzeuge und Kühlschiffe, die weiter entwickelte, verbesserten Fangtechnik, die technische Ausrüstung, die neuen Fanggebiete und alles was wir zur Leitung der Flotte und der Umsetzung auf den Schiffen eingeleitet hatten. Der Trend, zur schnellen Einführung der 200 sm Wirtschaftszonen, war auch in den Fischereiorganisationen abzuschätzen. Wir wussten, dass die 200 sm Zonen unabwendbar waren und wir gut beraten waren schon jetzt unsere Einsatzmöglichkeiten erneut zu überdenken. Von Seiten unserer Regierung, ließ man uns nicht im Unklaren, dass an unseren Versorgungsaufgaben mit Fisch und Fischwaren durch unsere Flotte und durch die Verarbeitungsindustrie festgehalten wird. Fisch und Fischwaren auf dem internationalen Markt in dieser Menge zu kaufen, war nicht möglich, dazu fehlten uns die Valutamittel.

Besatzungsaustausch - eine gute Idee

Doch noch war es nicht soweit. Schon unter Fritz Hartung hatten wir an eine effektivere Gestaltung des Flotteneinsatzes gearbeitet. Immer wieder hatten wir mit der Wissenschaftlichen Flotteneinsatzzentrale nach neuen Wegen gesucht. Nun konzentrierten wir uns auf einen längeren Einsatz unserer Schiffe in den Fanggebieten mit dem Besatzungsaustausch. Die Fangmöglichkeiten in den unterschiedlichsten Gebieten, wollten wir durch einen verlängerten Einsatz der Schiffe bedeutend besser nutzen als bisher. Die sogenannte unproduktive Zeit, die durch die An- und Heimreisen entstanden sollten drastisch gemindert werden, ohne die Besatzungen im gleichen Maße zu belasten.
In den Fischfangkombinaten in Murmansk, Kaliningrad oder Tallin und Riga wurden bereits die Besatzungen, in den Häfen, die den Fangplätzen nahe lagen, ausgetauscht. Wir wussten, dass die Effektivität der Schiffe damit bedeutend gesteigert wurde. Klar war auch, dass der Zustand der Schiffe darunter litt.
Unsere Zurückhaltung lag daran, dass wir uns nicht schlüssig waren, ob die Schiffe mit ihren vielen Aggregaten und Maschinen diese höheren Belastungen aushalten würden. Einige unsere Techniker warnten vor möglichen Ausfällen und großen Reparaturen im Ausland.
Weiter musste die Ver- und Entsorgung der Schiffe auf hoher See, auf Grund bedeutend längerer Einsatzzeiten, gelöst werden. Mit unseren drei Kühl- und Transportschiffen „Breitling, Lütten-Klein und Evershagen" konnten wir diese Aufgaben nicht bewältigen. Wir müssten Fremdschiffe dazu chartern. Dazu brauchten wir wieder Valutamittel. Die Versorgung mit Dieselkraftstoff war ein weiteres Problem, sicherlich in dieser Zeit nicht das Größte. Wir hatten gerade mit den sowjetischen Verantwortlichen einen Vertrag über den Transport und die Lieferung von Treibstoff abgeschlossen. Die Valutafrage war für unser Projekt entscheidend. Sie mussten von dem Ministerium bereitgestellt werden. Unsere beabsichtigte Fliegerei würde Valutaberge verschlingen. Ob uns das gelingen würde mit unseren Begründungen?

Und dann die bange Frage, ob man die Ausreise in kapitalistische Staaten mit dieser großen Anzahl von Besatzungsmitgliedern überhaupt zulassen würde? Diese Entscheidung konnten wir nicht einschätzen, sie war für uns ein paar Nummern zu groß. Sollten sich andere darum kümmern. Hier konnten wir nicht mitreden.
Doch wir entschlossen uns, den Besatzungsaustausch vorzubereiten und zu probieren. Wir untersuchten welche Schiffe auf Grund ihres technischen Zustandes infrage kamen, ob sie geeignet waren eine zweite Reise auf See zu bleiben. Wegen der Einreise in andere Staaten nahmen wir Verbindung mit den Botschaften auf. Die Bedingungen für die Aus– und Einreise in die Küstenstaaten wurden einer Prüfung unterzogen. Von unserer Kaderdirektion erhielten wir die Mitteilung, dass von der Staatssicherheit unser Vorschlag nicht abgeschmettert wurde. Man verlangte von uns Vorschriften zu erarbeiten, wie sich die Besatzungsmitglieder in den fremden Häfen und auf den Flugplätzen bewegen konnten. Das waren Kunstwerke, die wir immer wieder einer sogenannten Verbesserung unterziehen mussten. Jeder, unserer Hochseefischer kennt sie und bekannt war auch, dass nur wenige sich daran hielten. Einem Seemann Fesseln anzulegen gelang nie. Doch der Forderung war genüge getan und das grüne Licht brannte. Sicherlich wurden durch die Staatssicherheit die Leute, die damals auf der Liste standen, immer wieder durchleuchtet. Bei der Ausreise nahm man so manchen Hochseefischer dann wieder von der Liste, vor allem in der ersten Zeit.. Auch in Berlin, im Ministerium und damit ebenfalls von der VVB Hochseefischerei wurden unsere Vorschläge mit all den daran geknüpften Bedingungen angenommen. Wir konnten Nägel mit Köpfen machen.

Besatzung von „Peter Nell“ wird ausgetauscht

Damals, im Jahr 1973 war die Fangsituation so, dass wir auf der Georgesbank, vor der amerikanischen Küste, eine starke Flotte im Heringsfang im Einsatz hatten. Wir wollten keine Schiffe aus diesem für uns wichtigem Gebiet abziehen und entschieden uns, den Besatzungsaustausch mit dem eigentlich für die Heimreise vorgesehenen Fang- und Verarbeitungsschiff „Peter Nell“ zu beginnen.
Nun kam unser Hilfsschiff „Robert Koch“ wieder zu einem

wirksamen Einsatz. Große technische Veränderungen waren damals zum Besatzungsaustausch nicht möglich. Nur die Ausrüstung des Schiffes wurde vervollständigt, um unter gerade noch verträglichen Umständen, die Besatzungen zu transportieren. Eine gute Austauschbesatzung unter Leitung von Kapitän Horst Pagel hatten wir ebenfalls zusammengestellt. Er meinte damals: „Es ist für mich überhaupt kein Problem mit der „Peter Nell“ klar zu kommen und wenn ich das sage, geht auch mit meiner Besatzung alles in Ordnung.“ Das war echt Horst Pagel, so kannten wir ihn. Die Übergabe des Schiffes an die Austauschbesatzung hatten wir aber exakt vorgeschrieben, um die Sicherheit für Schiff und Besatzung zu gewährleisten. Es wurde an Land, lange darüber gesprochen, was notwendig ist und was vernachlässigt werden kann. Unsere Köpfe rauchten und wir wollten es damals ganz exakt machen. Die Sicherheit für die Schiffe und die Besatzungen mussten gewahrt bleiben. Ich denke, wir lagen damit auch nicht verkehrt.

Die Inspektoren wiesen die Besatzungen ein. Wir hatten sie hinter uns gebracht mit dieser effektiven Maßnahme, alles hatten wir ganz gut im Griff. Eigentlich konnte nichts schief gehen. Die Ausreise in Havanna und auch die Einreise der neuen Besatzung klärten wir in Havanna mit Hilfe der Handelpolitischen Vertretung der Botschaft der DDR.

Die Gespräche mit den Botschaftsleuten und auch mit dem Außenministerium der DDR machten uns deutlich, dass wir unbedingt jemanden vor Ort haben mussten. Über die Botschaft oder von zu Hause konnten wir die notwendigen Behördenwege und die Organisation dort in Havanna nicht beherrschen.

Fischereivertretung in Havanna - Kpt. Klaus Dieter Soyka

Doch woher so schnell einen Fischereivertreter finden? Der Papierkrieg begann. Wir mussten Vorschläge erarbeiten und es mussten entsprechende Personalvorlagen angefertigt werden. Die Bestätigung durch eine Vielzahl von Stellen war notwendig. Doch wir hatten Glück mit unseren Überlegungen.
Kapitän Soyka wurde unser erster Fischereivertreter im Ausland.
Er war schon zuvor eine längere Zeitperiode in Kuba gewesen. Hatte im Auftrag der DDR Werften Fischmehlkutter mit den Kubanern erprobt und sie versuchten die Kubaner mit der Technologie vertraut zu machen. Wir wussten, dass er sich mit den Behördenwegen und der Mentalität der Leute ein bisschen auskannte. Wir sprachen mit Kapitän Soyka, brauchten auch nicht lange, um ihn zu überzeugen. Wir waren uns in der Fangdirektion einig, dass er der richtige Mann war. Wir hatten auch an Kapitän Seffner gedacht, doch das Wissen um Land und Leute war entscheidend.
Kapitän Klaus-Dieter Soyka wurde nach Havanna beordert, um dort vor Ort den Besatzungsaustausch abzusichern. Das Gespräch mit Klaus-Dieter Soyka verdeutlichte uns, dass wir die Aufgaben in Havanna nicht mit links bewältigen würden. Wir hatten aber keine Zeit mehr; und auch keine Ahnung was eigentlich dort notwendig war, um arbeiten zu können. Wir verblieben so, dass nach kurzer Zeit eine Analyse zum Ablauf des Besatzungsaustausches gemeinsam erfolgen und dann die materielle Basis geschaffen werden sollte. Natürlich wurde es weit aus komplizierter, als wir es uns vorstellten.
Die Übergabe des Schiffes auf der Georgesbank an die Austauschbesatzung verlief zufrieden stellend. Wie wir es eigentlich gewohnt waren, war die Vorbereitung durch die Stammbesatzung erfolgt und Kapitän Pagel und seine Mannen nahmen sehr schnell den Fang und die Produktion auf. Sicherlich war es ungewohnt für alle, weil schon in den Kammern der Platz eingeschränkt war, da die Sachen der Stammbesatzung ja an Bord blieben. Der Gedanke, du bleibst ja nicht lange an Bord, es ist ja nur vorübergehend, sollte uns noch Probleme bringen. Hier wurde schon mächtig viel und

konsequente Arbeit von den Offizieren verlangt. Sie sollten das Schiff, nicht nur verwalten und bewachen, nein, sie sollten weiter mit guten Ergebnissen fangen und produzieren. Manche Stammbesatzung erschwerte den Austauschbesatzungen oft das Leben. Wertvolle Ersatzteile oder andere für eine effektive Fischerei notwendige Materialien wurden weggeschlossen oder gut verstaut. Unser prekärer Ersatzteilmangel kam hier zur Wirkung. Es gab noch viele andere Kleinigkeiten bei diesem Prozess, den die Besatzungen untereinander ausräumen mussten.
Doch es lief erst mal ganz zufriedenstellend ab. Horst Pagel und seine Offiziere arbeiteten an Bord hervorragend. Die erste Austauschbesatzung zeigte allen anderen, die dieser neuen Arbeitsmethode abwartend gegenüberstanden, dass sicherlich noch eine ganze Reihe Veränderungen erfolgen müssten, aber dass es ging. Unser größtes Plus bei den Besatzungen war die Begrenzung der Reisezeit. Mit dieser Methode konnten wir nicht nur die Effektivität der Fangschiffe steigern, sondern auch vertretbare Reisezeiten um die 100 Tage einhalten.

Fischereihilfsschiff „Robert Koch“ - unsere liebe, alte Dame

Größtes Problem war aber unser Fischereihilfsschiff „Robert Koch“. Wir hatten nicht ausreichend Schlafplätze und an Bord war man nicht auf 80 bis 90 Besatzungsmitglieder eingestellt. Wir schickten das Hilfsschiff in die Werft zum Umbau nach Polen. Bewusst war uns, das dies ein Provisorium blieb und wir immer mit Einschränkungen für die Besatzungen leben mussten. Wenn ich heute an den Einsatz der „Robert Koch“ als Besatzungstransporter, vor allem vor dieser Werftzeit denke, ist mir bewusst, dass wir unseren Besatzungen sehr viel zugemutet haben. Sie haben ohne viel zu murren oder sich zu beschweren, die Strapazen auf sich genommen. Es war schon belastend für alle, die Tage dort auf engstem Raum zu leben und bei schlechtem Wetter wurde der Aufenthalt auf diesem Schiff zur Tortour. Nach der Werftzeit entschärfte sich das Leben dort an Bord, weil wir doch für alle eingreifende Veränderungen schufen. Ein Luxusliner wurde es nicht und vor den Hochseefischern, die hier an Bord mussten, sollten wir noch heute den Hut ziehen.
Aber zurück in den Zeitraum nach der Werft in Polen. Es war für uns belastend, dass wir für den 28.08.73 einen Flugtermin mit einer Chartermaschine der „Interflug“ Berlin festgelegt hatten. Es war das erste Mal, dass „Interflug“ nach Havanna flog. Ein Ereignis von großer Bedeutung für die Berliner Fluggesellschaft, welches wir durch unseren Besatzungsaustausch ermöglicht hatten. Doch die Arbeiten in der Werft gingen nicht voran. Die hektische Arbeit hatte Oberflächlichkeit zur Folge. Der Einfluss unserer Schiffsleitung auf die Arbeiten war auch nicht viel besser. Doch aufregen konnten wir uns nicht, weil wir die „Robert Koch“ zu dem Termin in Havanna haben mussten. Dann stieg der Chief ab, weil er mit dem Zustand des Schiffes nicht einverstanden war. Er hatte ja Recht, doch was sollten wir machen. Ich denke, bei solchen neuen Projekten kann es schon mal zu Belastungen kommen, die eigentlich keiner vertragen kann. Wir blieben standhaft und ließen uns durch nichts erschüttern.
Die „Robert Koch“ lief mit zwei Zubringerbesatzungen in Richtung USA Schelf zum Besatzungsaustausch aus. Am 28.08.73 war in

...Es brist...

Reisen um 100 Tage,
nur durch den Besatzungs-
austausch möglich.

Besatzungsaustausch Überfahrt mit dem Schlauchboot.

Fischereihilfsschiff „Robert Koch“, unser Besatzungstransporter

...„Robert Koch“ im Hafen von Havanna

.unser Flieger...

Kapitän H.D. Seffner

Abwechslung an Bord, durch den Sport, die Kapitäne gehen mit gutem Beispiel voran.

Kapitän Otto Damaschl

avanna aus der Sicht von See

wir Hochseefischer
aren gerne in Havanna...

Kabeljau an Deck

ie Hafeneinfahrt

Havanna Termin für alle Besatzungen, die getauscht werden sollten und unser Hilfsschiff musste dann unbedingt dort sein. Unser Hilfsschiff hatte von nun an einen festen Terminplan.

Wir setzten Horst-Dieter Seffner als Kapitän und Eberhard Ehrich als 1. Offizier auf der „Robert Koch“ ein. Über diese Veränderungen und die Ereignisse zum Besatzungsaustausch über Havanna, erzählte Horst-Dieter Seffner mir eine Reihe von Geschichten, die ich unbedingt aufschreiben möchte, weil sie das Bild über unsere Hochseefischer und die damalige Zeit anschaulicher machen. Wir hatten es uns bei ihm im Garten bequem gemacht und es wurde ein langer Tag und Abend für uns. Kapitän Seffner hörte gar nicht wieder auf zu erzählen und ein Erlebnis reihte sich an das nächste. Mein Aufnahmegerät lief beinahe warm und der starke Kaffee ließ unser Herz schneller schlagen.

Kpt. Seffner berichtet:
„Ich wurde als Kapitän auf dem Hilfsschiff „Robert Koch“ eingesetzt. Da ich zum damaligen, beschriebenen Rostocker Auslauftermin der „Robert Koch“ noch auf der „Bernhard Kellermann“ im Einsatz war, flog ich am 26.08.73 mit der Besatzung von Kapitän Horst Kirschnick in Richtung Havanna. Es gab Blumen für die Interflugbesatzung beim Abflug, bei der Zwischenlandung in Gander-Kanada und auch Blumen bei der Ankunft in Havanna. Alle vorherigen Flüge hatten wir mit anderen Fluggesellschaften durchgeführt.
In Havanna wurden wir von unserem Fischereivertreter Kapitän Soyka und Mitgliedern der Botschaft empfangen. Die Abfertigung verlief ohne große Probleme und da die beiden Zubringerbesatzungen vom Fangplatz noch an Bord waren, wurde die Besatzung von Kpt. Horst Kirschnick im Hotel untergebracht.
Kapitän Soyka hatte auch die Betreuung der Interflugbesatzung übernommen. Er machte aber einen sehr bekümmerten Eindruck, als unser Gespräch sich um mein neues Schiff drehte. Eigentlich hatte ich gar keine vollständige Besatzung. Außer dem Maschinisten, dem Koch und dem Bootsmann wurden alle anderen

Arbeiten von den Besatzungen übernommen, die transportiert wurden. Das war kompliziert, aber es lag an den Unterbringungsmöglichkeiten an Bord.
Als ich an Bord kam, musste ich feststellen, dass mein Maschinist eigentlich die „Robert Koch“ nach dieser Werftzeit in Polen wieder stilllegen wollte. Ich war informiert durch die Fangleitung, doch so negativ hatten sie die Stimmung nicht geschildert. Pessimismus auf der ganzen Linie. Sie meinten: der 300 PS-Motor ist nicht in Takt und damit kann die Stromversorgung ausfallen. Der Motorblock hatte einen Riss. Es wird nicht lange gut gehen mit dem Motor.
Ich sah, dass hier die führende Hand fehlte, denn die Kapitäne der Fangschiffe, die bei den Besatzungsaustauschen auch gleichzeitig Kapitäne der „Robert Koch“ waren, hatten sich mit den Problemen des Schiffes nicht befasst. Konnte ihnen auch keiner verdenken. Sie schrieben ihren Bericht und damit hatten sie ihre Arbeit getan. Sie hatten ja ihr eigenes Schiff.
Am nächsten Morgen liefen wir aus und ich machte mit der Jammerei erst mal Schluss. Mit Unterstützung des technischen Personals der Austauschbesatzung verschaffte ich mir einen objektiven Überblick und legte meine Maßnahmen fest. Das Problem blieb der 300 PS-Motor. Ich informierte meine Fangleitung in Rostock und machte meine Vorschläge.
Ich glaube aber, dass von den Zubringerbesatzungen in Rostock die Lage viel ernster eingeschätzt wurde, als sie war.
Denn als ich wieder in Havanna einlief, war mein Fangdirektor Kpt. Kröger und der Fangleiter Kpt. Draht an der Pier. Für sie wäre der Ausfall der „Robert Koch“ eine Katastrophe gewesen, denn die Termine mit Interflug standen für einen bestimmten Zeitraum fest. Und auch unsere Besatzungen aus dem Fanggebiet hatten sich auf ihre Heimreisetermine eingestellt.“

Horst Seffner machte eine Pause und schenkte uns ein wohltemperiertes Bier ein. An unsere Kurzreise nach Kuba mit Peter Draht, erinnere ich mich noch ganz gut. Als ich damals als Fangdirektor Horst-Dieter Seffner gegenübersaß und er mir die Lage schilderte, dachte ich, es war richtig ihn hier einzusetzen.

Er blieb ruhig und vor allem sachlich als er den technischen Zustand des Schiffes ansprach. Ich merkte aber, er war doch etwas nervös und die Probleme belasteten ihn. Er rutschte auf seinem Stuhl hin und her, stand auf, setzte sich jedoch gleich wieder hin. Er merkte wohl selbst seine Unruhe und kämpfte dagegen an.
Sein Chief, den ich zu diesem Arbeitspunkt hinzu zog, machte keinen guten Eindruck. Er meinte, nur eine Reparatur in Rostock könnte uns helfen, alles andere lehnte er ab. Da war nicht mit ihm zu reden. Alternativen gab es bei ihm nicht. Er hatte sich seine Meinung gebildet und dabei blieb er.
Ich dachte an die Chieflegende Jochen Schröder aus Bützow und an seinen Elektriker Vanselow. Mit diesen Fachleuten hätten wir so ein Problem nicht gehabt. Sie hätten gewusst, was zu tun war. Doch die Zeiten hatten sich geändert. und wir sollten nach einem realen Weg suchen, ohne die Sicherheit zu gefährden. Ich kratzte mir damals den Kopf, hielt meinen Fangleiter etwas zurück, als er mit dem Chief diskutieren wollte.
Als wir alleine waren, meinte ich damals zu Horst Seffner: „Als erstes brauchst du einen neuen Chief. Einen, der auch Ideen hat, der der Arbeit hier an Bord und der alten Dame „Robert Koch“ auch ein bisschen Liebe entgegen bringt!“
Das war für Horst Seffner eine ganz wichtige Feststellung. Er meinte später zu mir, als wir darüber sprachen: „ Als der Standpunkt zu meinem Techniker so krass vor dir formuliert wurde, fiel mir ein Stein vom Herzen. Es war für mich wie eine Erlösung. Ich brauchte jemanden, der mitzog und nicht alles in Frage stellte. Unsere „Robert Koch“ war nun wirklich eine alte Dame, die eigentlich schon ihre Dienste geleistet hatte. Man musste sie so nehmen wie sie war und mit der übertragenen Aufgabe aus ihr das Beste machen. Man musste sie richtig lieb haben und auch mal streicheln!“

Horst Seffner überstand die nächste Reise mit der „Robert Koch“ ganz gut. Die kritische Situation mit dem 300 PS-Motor bedrückte uns alle. Zu Hause mussten wir sofort die Frage klären, ob man einen Motorblock mit „Interflug“ transportieren kann und ob der Einbau mit Hilfe eines guten Chiefs oder anderer Fachleute möglich ist.

Wir selbst hatten damals in Havanna wenig Zeit, da wir mit der Interflugmaschine und unserer Besatzung zurückflogen.

Erinnerungen an die damalige Situation:
„Beim nächsten Besatzungsaustausch kam mit der Interflugmaschine ein neuer Motorblock. Der Chefpilot hatte persönlich das Ein- und Ausladen überwacht. Nun hatten wir den Motorblock an Bord und die Montage konnte beginnen. Wir hatten den alten Motorblock bereits soweit abgebaut, dass er in Havanna nur noch durch einen Kran heraus zu heben war. Die Fangdirektion hatte einen ausgezeichneten Fachmann mitgeschickt. Der Chief, Horst Thürnagel leitete den Einbau. Rund um die Uhr arbeiteten die Jungs in der Maschine. Die Techniker der Austauschbesatzung fassten mit an und unterstützten. Die Spannung war groß als sie den Motor anließen. Einen Motor in dieser Größe hatte man noch nie alleine in einem fremden Hafen eingebaut. Doch der Motor lief ohne Probleme. Eine saubere Arbeit hatten Horst Thürnagel und die Techniker geleistet.
„Robert Koch“ war fortan ohne Ausfälle. Einen neuen Chief hatte ich auch und war zufrieden.
Ich schipperte mit der Austauschbesatzung zum Fangplatz. Per Schlauchboot tauschten wir die Leute und dann ging es zurück nach Havanna. Meine Fahrt zurück konnte ich mir einteilen. Wir hatten ja feste Termine für den nächsten Besatzungsaustausch. Obwohl wir an Bord 90 Kojen hatten, war das Leben während der Überfahrten sehr beengt. Einmal transportierte ich sogar 116 Leute. Es waren Hochseefischer, die zur Armee mussten. Wir stellten an Deck ein Zelt auf und geschlafen wurde auf Campingliegen. Stand die Flotte auf der Georgesbank, waren wir nach 5 Tagen am Ziel. Trotz dieser relativ kurzen Zeit, musste ich etwas gegen die Langeweile der Leute, unternehmen. Obwohl es die Austauschbesatzungen nicht gerne sahen, wurden sie mit zur Wache eingeteilt und ich ließ auch Wartungsaufgaben am Schiff durchführen. Diese Arbeitszeiten begrenzten wir aber auf 4 Stunden täglich. Dann organisierten wir verschiedene Sportwettkämpfe, machten Skatturniere und andere Dinge, die für Beschäftigung und Ablenkung sorgten. Ich ging dabei immer mit gutem Beispiel voran und es machte Spaß.

Unsere Filme zeigten wir im Kino an Deck und die Campingliegen waren dabei begehrte Gegenstände. Unsere Maschinisten arbeiteten immer wieder daran, die eingebauten Klimaanlagen gangbar zu machen, aber es gelang nicht. Da ging es wohl mit dem Teufel zu, die Dinger machten was sie wollten, sorgten aber nicht für eine Klimatisierung in den Räumen. Nach 11 Tagen waren wir zurück in Havanna, wenn wir auf der Georgesbank tauschten.

Havanna

In Havanna verlief die Einklarierung des Schiffes und der Besatzung meistens problemlos. Jedoch hatte Kuba als Inselstaat ein Gesetz welches vorschrieb, dass die Textilien die unsere Besatzungsmitglieder an Land tragen wollten, mindestens 8 Stunden begast werden mussten. Unsagbar schwer, fielen unseren Leuten diese Stunden immer wieder. Sie waren landhungrig und ihre Geduld wurde auf eine harte Probe gestellt. Wenn es möglich war, versuchte ich immer früh genug in Havanna zu sein, damit wir mit den Besatzungen oder die Besatzungen alleine wenigstens einiges unternehmen konnten. Dieser Standpunkt von mir wurde auch von meiner Fangleitung unterstützt. Wenn die Behörde dann den begasten Raum öffnete und damit das Landgangszeug freigab, war nach wenigen Minuten das Schiff wie ausgestorben. Am nächsten Morgen gab es dann, je nach Wunsch, Stadtrundfahrten oder Besuche in die zahlreichen Parks oder zu den Sehenswürdigkeiten der Stadt. Viele unserer Kollegen wollten aber auch nur an den Strand zum Sonnen und Baden. Die naheliegenden Strände Atlantiko und Santa Maria waren bei unseren Besatzungen beliebt. Vor der Sonne mussten sie sich vorsehen. Schnell hatten wir uns die Haut verbrannt. Das Wasser war herrlich warm, doch die dort vorherrschende Strömung war auch gefährlich. Sie kannten sich aus und waren immer vorsichtig. Wir hatten keinerlei Probleme.
Ich selber ging auch gerne in den Seemannsclub von Havanna. Unsere Besatzungen wussten, dass sie hier gut betreut wurden. Kapitän Soyka hatte sein Möglichstes dazu getan und der Clubleitung unsere Aktivitäten im Zusammenhang mit dem Besatzungsaustausch erklärt. Von hier aus starteten wir Ausflüge in das Landesinnere, um

die Schönheit der Insel und die Lebensweise der Kubaner näher kennen zu lernen.
Hier im Seemannsclub haben unsere Matrosen und Produktionsarbeiter so manchen Rum mit Cola getrunken und es war ein schönes Gefühl bei den heißen Temperaturen, die Eiswürfel im Glas klingen zu hören. Hübsche Kubanerinnen fehlten auch nicht und sie machten dadurch den Club noch attraktiver. Bezahlen mussten wir unsere Drinks, die Andenken und den gekauften Rum zum Mitnehmen mit harter Währung. Wir verrechneten unsere Basarscheine, gingen aber immer sehr sparsam damit um.
Lagen wir im Hafen, war Klaus Soyka immer ein gern gesehener Gast. Er brauchte wohl auch unsere Gesellschaft, die Hochseefischer, das Rostocker Klima, einfach gesagt: die „Robert Koch" mit ihren Menschen. Luden wir ihn zum Mittagessen ein, dann strahlte er. Unsere kernige Kost vermisste er doch sehr. Der Koch freute sich immer, wenn er ihm ein großes Schnitzel servierte und Schwarzbrot vorsetzte. Ich merkte bald, dass er es schwer hatte mit der Mentalität dieser immer fröhlichen Menschen zurecht zu kommen. Er war ein Mann, der für Pünktlichkeit und absolute Korrektheit in seiner Arbeit stand. Gewissenhaft erledigte er seine Aufträge und die notwendige Arbeit für den Besatzungsaustausch. Mit der Mentalität der Kubaner kam er nicht ganz zurecht, konnte sich einfach nicht daran gewöhnen. Da kam es auf ein paar Minuten oder auch Stündchen gar nicht an. Ich frage mich heute, war ein Kubaner überhaupt einmal pünktlich? Kann mich nicht erinnern, aber ich nahm es ihnen nicht übel und stellte mich darauf ein. Kapitän Soyka war anders, ein überaus gewissenhafter Mensch. Er nahm alles furchtbar ernst und hatte es hier mit diesen fröhlichen, immer lustigen Menschen deshalb schwer. Ich konnte ihn verstehen, so etwas nervt mächtig. Da entschädigten auch die Schönheiten des Landes nicht, das der alte Christoph Columbus 1492 entdeckte. Als er seinen Anker warf und an Land ging, soll er wohl später gesagt haben: „Dieses Land ist so schön, wie es nie eines Menschen Auge sah."
Wenn Klaus Soyka Zeit hatte, setzte er sich schon mal in die berühmte Kneipe von Hemingway „Bodeguita del Medio" und trank einen dunklen Rum mal pur oder mit Eis. Schüttelte den Kopf, wenn er in

den Straßen uralte Amiautos sah, die nur noch der Rost zusammenhielt und die von den Kubanern wohl unzählige Male repariert wurden. Ebenso besorgt schaute er die stilvollen Kolonialhäuser an, an denen nach dem Sturz des Diktators Batista nichts gemacht wurde. Erst in den achtziger Jahren änderte die Regierung Fidel Castros ihre Haltung und dieses Kulturerbe wurde saniert. Kapitän Soyka meinte damals mal zu mir, wenn wir uns über die Altstadt von Havanna unterhielten: „Wenn ich die alten Gassen der Stadt besuche und mir beinahe die Beine auf dem Pflaster breche, dann könnte ich mir schon vorstellen, dass plötzlich Columbus mit seinen Leuten um die Ecke biegt und mir dann freundlich zuwinkt."
Klaus Soyka wollte Weihnachten 1973 zu Hause sein. Im Juni hatte er schon mal einen Kurzurlaub in Rostock gemacht. Er sehnte sich nach seiner Familie. Damals meinte er zu mir, eigentlich könntest du hier an Land meine Vertretung machen oder den Laden ganz übernehmen. Ich möchte nach Hause. Du kennst dich hier ja beinahe so gut aus wie ich. Und Unterstützung von der Botschaft ist dir sicher.
Ich möchte noch herausstellen, dass eigentlich die Hochseefischerei in Person von Klaus Soyka der Berliner „Interflug" wertvolle Dienste leistete, die Fluglinie nach Havanna ebnete.
Während der ersten Zeit landete im Rhythmus von 14 Tagen eine Maschine aus Berlin. Wir hatten als Hochseefischerei nur 100 Plätze gebucht und Klaus Soyka sollte sich nun bemühen, die restlichen 60 Plätze zu belegen. Die Fangdirektion gab, zu diesen zusätzlichen Aufgaben, ihr Einverständnis, denn wir hatten gegenüber „Interflug" auch immer Sonderwünsche. „Interflug" wusste anfangs nicht, dass wir wenig Mühe hatten, die Passagierliste voll zu bekommen. Berlin war dort sofort ein beliebtes Reiseziel. Aber auch andere Ausländer benutzten „Interflug" als Sprungbrett nach Europa. Wir sagten damals, die Hochseefischerei kann auch mehr, als nur Fische fangen. 1975 setzte die Fluggesellschaft, wegen der guten Auslastung, dann Frau Bertold, als eigene Vertreterin ein.
In der Fangdirektion lag der Antrag von Klaus Soyka vor, nach Rostock zurück zu kehren. Sein Wunsch wurde akzeptiert.
Klaus Soyka hatte uns in der Durchsetzung des Besatzungsaustausches sehr geholfen und hatte auch so was wie die Grundregeln

für Auslandsvertreter der Hochseefischerei geschaffen. Im Mai 1974 beendete Kapitän Klaus Dieter Soyka endgültig seine Tätigkeit in Havanna. So wurde ich Fischereivertreter in Havanna. Eberhart Ehrich übernahm die „Robert Koch“ als Kapitän.“

Kapitän Seffner als Fischereivertreter in Havanna

Ich dachte an die damalige Zeit zurück:

Eigentlich hatten wir in der Fangdirektion vor, Kapitän Seffner auf der „Robert Koch“ vorerst zu belassen. Ein ordentlicher Bordbetrieb und der Transport der Austauschbesatzungen waren uns ebenso wichtig, wie die Arbeit dort an Land. Doch nun musste Horst Seffner an Land in Havanna bleiben, jedenfalls zeitweilig. Bei der Bestätigungsrunde an Land, erhielten wir den Auftrag, einen Kollegen mit Ehefrau dort einzusetzen und keinen Junggesellen. Wir hatten eigentlich mit Horst Dieter Seffner geplant.

Wir suchten einen Kapitän, der mit Familie dort längere Zeit bleiben konnte. Familie war damals sehr wichtig, wenn wir unsere Leute bestätigt haben wollten für einen Auslandseinsatz. Wir wählten Harald Kindermann, Kapitän in der Flotte, nach reiflichen Überlegungen aus. Er wollte jedoch erst mal ohne Familie sein Glück versuchen. Von Mai 1974 bis Dezember 1975 war er dort unser Vertreter. Seine Arbeit war ordentlich, der Besatzungsaustausch lief reibungslos. Er hatte jedoch eine andere Art und Weise mit den Besatzungen und auch mit den Kapitänen um zu gehen. So manch eine seiner Bemerkungen, ob absichtlich oder ungewollt landete in Rostock auf dem Tisch der Fangleiter. Aus dem Nachholen der Familie wurde leider doch nichts. Es gab auch familiäre Probleme. Seine Frau hatte zwischenzeitlich einen anderen Mann kennen gelernt und die Scheidung wurde eingereicht. Wir holten ihn zu unserem Leidwesen wieder nach Rostock. Die Stasileute hatten mit unserer Kaderleitung festgelegt, lag der Mann oder die Frau in Scheidung, mussten sie ein Jahr lang zu Hause bleiben. Es wurde über die Rückkehr von Harald Kindermann damals viel geredet. Da man nicht die exakten Hintergründe kannte, wurde gemunkelt, die Kubanerinnen hätten dabei ein bisschen nachgeholfen. Sicherlich wusste jeder, dass es immer sehr schwer war, ihnen zu widerstehen. Wir konnten es nachempfinden. Sie waren und sind es heute sicherlich auch noch, hübsch, jung und knackig. Man hatte so seine Not mit ihnen. Doch Kpt. Kindermann blieb in der Fangdirektion und wurde Nautischer Inspektor. Er wechselte später zur Seereederei und fuhr dort bis zur Wende als Kapitän.

Nun musste unser Horst Dieter Seffner wieder von Bord der „Robert Koch“ und wir setzten ihn als ordentlichen Fischereivertreter ein. Horst Dieter Seffner hatte sich ja gut in Havanna an Land eingelebt. Sie hatten eine Wohnung im 28. Stock eines Hochhauses. Es war das größte Haus in Havanna und hieß in der Umgangssprache „Foxa“. Die eigenartige Architektur des Hauses, es verkörperte ein aufgeschlagenes Buch, war einmalig in Havanna und bestimmt auch in der Welt.

Kapitän Seffner schilderte seine Rückkehr nach Havanna:
„Unser Büro hatten wir in einem anderen Hochhaus, man nannte es „Ene“ im 7. Stock. Auch die Vertretung der Seereederei hatte hier im 3. Stock ihre Büroräume. Unsere Büroausstattung gehörte der Botschaft.
In diesem Wohnhaus hatten wir immer Strom, die Fahrstühle mussten laufen, sonst war ein Wohnen in den vielen Etagen unmöglich.
Die Stromversorgung war nicht immer in anderen Stadtteilen gewährleistet. Dafür gab es aber immer nur zu besonderen Zeiten Wasser und dieses Wasser war brackig. Der Kampf um Süßwasser war eine Tagesaufgabe. Jeden Tropfen mussten wir mühsam beschaffen. In der Badewanne füllten wir das Brackwasser zum Waschen. Trinkwasser wurde in Kanistern gesammelt. Die Badewanne hatte schon einen richtigen braunen Rand, den wir nicht mehr sauber bekamen. Über die Umstände, die uns das Baden bereitete, möchte ich gar nicht reden.
Das war für Klaus Soyka und auch für mich danach ein Problem. Ich suchte deshalb nach einer günstigeren Wohnung. Eine Wohnung der Botschaft wurde in der Calzada, eine der bekanntesten Straßen, frei.
Man bot sie uns an, doch ohne Mobiliar. Sie war aber günstig für uns, denn die Stromversorgung ab 20.00 Uhr war gesichert. Nun soll man nicht auf den hinterhältigen Gedanken kommen, wir wollten diese Wohnung nur, weil ganz in unserer Nähe das bekannte Tanztheater „Garcia Lorca“ zuhause war. Abends ab halb acht, wurde dort immer Strom verlangt und wir konnten davon profitieren. Bei unseren Kollegen von der Seereederei ging in ihrer Wohnung dann zur gleichen Zeit pünktlich das Licht aus.

Unsere Fangdirektion und der Betrieb ließen uns nicht in Stich. Sie schickten in 11 Kisten eine komplette Wohnungseinrichtung. Alles kam heil an, man hatte alles mit viel Sorgfalt verpackt. Unsere Wohnung war perfekt eingerichtet. Doch es half alles nichts, mit dem Wasser war es nicht viel besser als in der Foxa. Tagelang tropfte nichts aus den Wasserhähnen. Es blieb dabei, beide Badewannen, ja, wir hatten zwei davon, blieben nur Wasserbehältnisse und das Trinkwasser musste weiterhin in Kanistern bevorratet werden, wenn wir Wasser hatten. Doch ich war geduldig und nahm es, wie es war. An diesem Zustand konnte ich nichts ändern

Zum Einkaufen ging ich in die Versinaversorgung. Hier wurden die Botschaftsangehörigen und alle dort befindlichen DDR-Bürger mit für sie notwendigen Lebensmitteln versorgt. Das war notwendig in den Ländern, in denen es Versorgungsschwierigkeiten gab. Hier konnte man langfristig alle nicht verderblichen Lebensmittel bestellen. In Havanna gab es auch die bekannten Intershops. Sie nannten sich Interfranca. Wir DDR Bürger konnten dort bargeldlos einkaufen. Es gab alles, was das Herz begehrte, bis zum Auto. Die Verrechnung erfolgte über die Botschaft von den uns zustehenden Tagesgeldern. Wir konnten uns nie beklagen und Klaus Soyka, Harald Kindermann und ich waren gut dran. Außerdem gab es für uns in der Botschaft ein gutes, preiswertes Mittagessen. Kartoffeln besaßen leider Seltenheitswert.

Ich denke oft noch an einen Reim von mir, den ich frei nach Otto Reuter oftmals bei Geselligkeiten vortrug:

> Du lebst auf Kuba und kommst aus der DDR,
> du glaubst, du seiest hier Wunderwer.
> Auch du hast 'en Magen voller Weißbrot und
> Reis, Muchas Problemas, die Stirn voller Schweiß
> und Manjana, Manjana ist auch deine Litanei,
> aber in 50 Jahren ist alles vorbei.

Ein eigenes Auto hatten wir auch. Den Wolga hatte Klaus Soyka noch übernommen. Es war das alte Parteiauto aus dem Kombinat aus Rostock. Eigentlich sollte es aussortiert und verschrottet werden. Doch wir konfiszierten es durch die Fangdirektion und schickten es nach Havanna. Jeder kann sich vorstellen, mit dem rostigen Ding fielen wir hier gar nicht auf. Repariert und montiert wurde hier an jeder Straßenecke. Und wir reihten uns in diese Lebensform mit unserem Wolga ein. Ich glaube, die Kubaner sind noch heute Weltmeister im Auto reparieren. Immer nach dem Motto, ein Teil repariert, ein anderes kaputt. Wir waren da hart im Nehmen mit unserem kubanischen Kraftfahrer. Ja, wir hatten einen für unsere Vertretung. Doch die Ausfälle unserer großen russischen Limousine nahmen zu. Meistens blieben wir stehen, wenn wichtige Arbeiten zu erledigen waren. Der Militärattache in der Botschaft, es war der Sohn des Verteidigungsministers Hoffmann, wollte nun seinen Wolga stilllegen. Wir griffen damals sofort zu und kauften ihn für 500 DDR Mark. Er wurde ausgeschlachtet und die Karosse verkauften wir an den Fischereihafen. Die Leute dort haben sich mächtig gefreut und bauten nun daran umher, bis er sich wieder bewegen ließ. Von Fahren war nicht so die Rede. Doch auch unser Auto blieb immer öfter stehen. Als unser Fangleiter Kapitän Draht hier in Havanna war, weil er ein Visum nach El Salvador benötigte, versagte das Ding und wir mussten schieben. Durch seinen Einsatz in Rostock bekamen wir dann einen neuen Shiguli. Ich taufte das Ding auf den Namen „Caritas". Uns war geholfen, nun sah die Welt wiederrosiger aus. Ohne Auto war nämlich hier, in dieser großen Stadt, nichts zu machen.

Ich hatte mich in diesem Land gut eingelebt. Meine Arbeit bereitete mir keine Probleme, da auch mein Spanisch immer besser wurde. Mir blieb ja auch nichts anderes übrig, wollte ich etwas erreichen, dann musste ich ihre Sprache wenigstens einigermaßen beherrschen. Die Kubaner halfen mir dabei und unterstützten mich, wo sie nur konnten. Im wahrsten Sinne des Wortes, ich war in Freundesland. Lebensfreude, Fröhlichkeit, Gastfreundschaft, dass ist für mich auch heute noch Kuba. Es trifft schon zu, wenn Maritta und Peter Noack in ihrem Buch „Mit der DSR als Stewardess und Matrose zur See" schrieben: „Havanna - was für eine Stadt! Kolonialer Charme der Altstadt, rund um die Kathedrale. Eine Mischung aus Barock und Sozialismus, aus Dekadenz und Idealismus. Da haben wir das Capitolio, eine Kopie des Kapitols in Washington. Es wurde in den 20er Jahren errichtet. Im legendären Hotel National gaben sich

Schriftsteller, Schauspieler und Gangsterbosse die Klinke in die Hand. Schlag 21.00 Uhr: Der Kanonenschuss von der Festung La Cabana läutet die karibische Party-Nacht am Malecon, der Hafenpromenade, ein. Jede Nacht wird gefeiert. Für die Kubaner ist das Leben ein Fest. Das Chaos wird einfach weggetanzt."

Ja, beinahe so war das Leben hier und auch ich kann bestätigen, dass im berühmten „Tropicana" die schönsten Mulattinnen der Welt ihre Hüften im Salsa und Rumba Rhythmus verführerisch, lockend schwangen.

Etwas ernster betrachtet, ging es den Kubaner aus unserer Sicht nicht besonders gut. Eingekauft, wenn es etwas gab, wurde mit Lebensmittelkarten und Gutscheinen. Die Geschäfte waren leer; aber in der Familie wurden alle satt. Wenn ich mich mit ihnen darüber unterhielt, meinten sie mit ernstem Gesicht: „Lieber satt vor einem fast leeren Laden, als vor einem vollen Laden verhungern." Viele erinnerten sich noch an die vollen Läden vor der Revolution. Dieses breite Angebot nutzte aber niemanden, nicht der großen Masse, denn sie hatten kein Geld. Ich hatte den Eindruck, Geld spielte auch in der Zeit als ich in Kuba war, nur eine untergeordnete Rolle. Die Kubaner trugen die Mangelwirtschaft mit einer Gelassenheit, die ich bewunderte. Bei ihnen war die Familie so etwas wie eine Versorgungsgemeinschaft. Sie halfen sich immer gegenseitig. Pessimismus schien ihnen ein Fremdwort zu sein. Fidel war sicherlich vielen Leuten wie ein Gott. Dachte ich dabei an unser Verhalten zu Hause in der DDR, dann sah ich oft nur die Unzufriedenheit.

Der sogenannte karibische Sozialismus schweißte sie zusammen, machte die Menschen erfinderisch und zugänglich für die Probleme anderer. So sah ich es bei den einfachen Leuten, aber auch bei höher gestellten Personen, mit den ich zu tun hatte.

Ich wurde oft auch darauf aufmerksam gemacht, dass die Betreuung der Kinder kostenlos war, von Geburt an. Vorbildlich war auch ihr Schulsystem und in Lateinamerika einmalig. Ein Bildungssystem, dass keine Analphabeten zuließ. Auch ihr Gesundheitssystem war für die Menschen kostenlos und ist es heute noch. Sie glaubten an Fidel Castro und an die Idee vom Sozialismus und das mit Leidenschaft. Ich hatte immer den Eindruck, dass die Kubaner ein glückliches Volk

ischereihilfsschiff „Robert Koch“ beim
esatzungsaustausch

Flaggen im Mast beim Einlaufen

Durch den Besatzungsaustausch waren wir in vielen Häfen der Welt.

FVS „Walter Dehmel“ vor der Hafeneinfahrt von Havanna

t.Holst und Besatzungsmitglieder beim Stadtbummel in Havanna.
. Fischereivertreter H.D.Seffner

Jede Gelegenheit wurde für einen Landgang wahrgenommen.

waren und es sicherlich auch heute noch sind.
Doch es gab auch andere Kubaner, wir wissen es aus der Presse und dem Fernsehen, die mit einfachen kleinen Booten versuchten das Land zu verlassen und in die USA zu entfliehen. Waren es früher mal besser gestellte Menschen oder wer waren diese Flüchtlinge? Ich denke schon, dass es so war und sie zu Verwandten, die in den USA leben, fliehen wollten. Es lebten doch viele Emigranten dort, die sich immer wieder mal bemerkbar machten und Fidel am liebsten zum Teufel wünschten. Wo gab es solche Leute nicht?
Doch für mich bestand das Leben nicht aus Feiern. Ich hatte hart zu arbeiten. Konnte nun nachfühlen, wenn Klaus Soyka mir damals erzählte, er wäre am verzweifeln, weil alles nicht so lief, wie er es gerne haben wollte. Ich musste, immer wieder nachfassen, kontrollieren und mich überzeugen, ob sie es richtig verstanden hatten.

Ein LKW voll mit Weißkohl

Mein Nachfolger auf der „Robert Koch“, Kapitän Eberhart Ehrich, rief mich eines Tages an und bat um Hilfe.
Als ich zur „Robert Koch“ kam, stand dort ein LKW und hatte 50 Sack Weißkohl geladen, zweckbestimmt für die Besatzung. Er meinte, ich habe nichts bestellt, was sollen wir mit soviel Weißkohl. Es war schon für die Kubaner eine Leistung 50 Sack Weißkohl zu beschaffen. Beide Seiten waren fassungslos und konnten sich nicht erklären, bei wem der Fehler lag. Nach langem hin und her stellte sich dann heraus, dass er 50 Müllsäcke bestellt hatte.
Bis auf 3 Säcke ging alles zurück. Für den Makler war es überhaupt keine Hürde den Weißkohl los zu werden.
Der Fehler lag in dem schlechten Englisch auf beiden Seiten.Müll ist in englisch garbage oder auch rubbish und Kohl heißt auf englisch cabbage. Spricht man die Worte oberflächlich aus, klingen sie fast gleich. So war es zur Kohlbestellung gekommen.

Ein Karton mit Fisch regelte alles

Am meisten Arbeit fiel natürlich an, wenn eine Besatzung hier auf dem Flugplatz eintraf.
Die Formalitäten bekamen wir immer schnell in den Griff, wenn es

nicht irgendwie was ganz Besonderes gab.
Mit unseren 5 kleinen Bussen, einem Motorradfahrer mit Beiwagen voran und dem LKW mit dem Gebäck hinterher, sorgten die Busfahrer mit ihren ständigen Hupen immer für Aufsehen, wenn wir zum Hotel oder zum Flugplatz fuhren.
Meistens hatte ich 100 Hotelbetten für eine Nacht gebucht. Am liebsten war uns und auch den Besatzungen das Hotel Havanna Libre, das ehemalige Hilton Hotel. Natürlich war diese Buchung nicht immer einfach, weil es nur eine Nacht war, die wir blieben.
Aber ein, zwei Kartons mit Fisch, die wir von der „Robert Koch" erhielten, halfen über so manche Hürde hinweg. Mit Fisch konnte man immer etwas erreichen oder ausbügeln, wenn was passierte. Was anderes hatten wir ja auch nicht zu bieten. Unsere Jan Maaten warfen immer mal wieder, wenn sie angetrunken die Hitze nicht vertrugen, Flaschen und alles Mögliche aus dem großen Hotel auf die Straße. Manche Flasche landete dann auch auf ein Auto und der Schaden war nicht zu übersehen. Man stelle sich vor, sie hätten einen Menschen getroffen. Wir hatten mit den Offizieren dann immer zu tun und die Besatzungen stellten uns dann auch freimütig den Fisch zur Verfügung. Den Ärger hatte natürlich ich als Fischereivertreter.
Einmal erhielt ich die Information, dass ein Zimmer von unseren Leuten ausgebrannt sei. Ich war auf dem Flugplatz und war mit dem Abflug der Besatzung beschäftigt. Musste auch noch zum Hafen, da „Robert Koch" auslaufen wollte. Als ich meine Arbeit erledigt hatte, nahm ich vorsichtshalber einen der begehrten Fischkartons aus dem Kühlschrank und rückte damit beim Hotelchef an. Aufgeregt war eigentlich nur ich, bei ihnen spürte ich nichts dergleichen. Man sagte mir, es wäre nicht so schlimm gewesen. Sie hätten das Feuer mit eigenen Kräften löschen können und außerdem, so betonten sie, wäre das Hotel so gebaut, dass immer nur eine Etage ausbrennen könne. Ich bewunderte wieder einmal die kubanische Gelassenheit.
Doch auch wir halfen, wo es notwendig war.
Unsere Kältemaschinisten oder die Elektriker waren nicht nur bei der Botschaft gefragte Leute. Auch in den Hotels oder im Hafen wurde so manche Reparatur durchgeführt, die sonst von den Kubanern nicht zu beheben war. Unsere Kollegen halfen gerne.

Als Gegenleistung gab es meisten den berühmten Rum oder auch Kubanische Zigarren. Unsere Fachleute wurden immer bewundert, wenn sie still liegende Aggregate oder Maschinen wieder zum Laufen brachten. Beide Seiten sahen es als Freundschaftsdienst an, wir waren ja in Freundesland.
Unsere Schiffsärzte leisteten, auf anderer Art und Weise immer wieder Hilfe und unterstützten die dortigen Ärzte der Botschaft. Wir hatten auf der „Robert Koch“ eine sehr gute Apotheke. Wenn es möglich war, dann übergaben wir schon mal Medikamente oder andere medizinische Materialien. Oftmals suchten die Botschaftsärzte auch nur das Gespräch mit einen ihrer Kollegen, um sich auszutauschen und sich zu beraten.
Unsere Hilfe wurde auch von den Behörden gesehen und anerkannt. Sie drückten in manchmal schlimmen Fällen beide Augen zu und ließen unsere Leute laufen.

Lange Haare und Rauschbart, dann Glatze

Ich erinnere mich an eine Begebenheit, die einige Nerven kostete.
In den siebziger Jahren trugen junge Männer gerne lange Haare und noch dazu einen Rauschebart, wie wir oftmals sagten. Das wurde auf Kuba nicht gerne gesehen. So aussehen durften nur ihre Revolutionäre, Che Guevara und Fidel. Kam ein anderer mit einer solchen Mähne und einem Vollbart daher, dann wurden die Polizisten hellwach und misstrauisch.
Einer unserer Besatzungsmitglieder konnte sich im Aussehen bestimmt mit dem berühmten Che vergleichen. Als die Polizisten dann sahen, dass er beim Geschäftemachen war und etwas verkaufte, waren sie zur Stelle. Mit drei Uhren und einem Bündel Geld in der Hand wurde er festgenommen.
Ich wurde von der Polizei informiert, dass dieser Mann die Nacht festgehalten wird und ich sollte mich am kommenden Tag in einem bestimmten Haus in der Stadt einfinden.
Bisher hatte ich eigentlich solche Probleme immer zur Zufriedenheit beider Seiten gelöst. Doch am nächsten Morgen stellte ich fest, dass hier die Sache ernster war. Man hatte mich zum Gericht bestellt. Unser Mann kam mit einem Polizisten in Handschellen in den

Verhandlungsraum. Er sah schlimm mit dem ungekämmten Haar und dem struppigen Bart aus. Eigentlich furchterregend, wie er dort saß. Das Gericht fragte nach seinem Namen. Dann teilte das Gericht mit, dass er vor dem Schnellgericht stehe und wegen des Besitzes von Falschgeld verhandelt würde. Der Staatsanwalt verlangte, dass unser Mann in Haft bleibt und dann vor einem ordentlichen Gericht das Verfahren erfolgen sollte.
Der Verteidiger, einen solchen hatten sie auch beschafft, beantragte, dass unser Kollege vor ein ordentliches Gericht gestellt werden sollte und bis dahin aber auf freiem Fuß bleibt.
Ich sah wenig Chancen hier noch etwas gerade zu biegen und dachte, der Ärger ist jetzt vorprogrammiert.
Die Schnellrichter berieten und verkündeten das Urteil. Es lautete: Er bleibt in Haft, bis er vor ein ordentliches Gericht gestellt wird. Die Verhandlung hatte 10 Minuten gedauert.Ich gab unserem Mann zu verstehen, dass ich ihm helfen werde und er Sachen bekommen würde. Die Polizei nannte mir das Gefängnis, in dem unser Mann untergebracht werden sollte.
An Bord packten sie die Sachen unseres Mannes zusammen. Ich nahm sie mit. Am genannten Gefängnis teilten sie mir dann aber mit, dass der Mann in das Castill del los tres Reyes del Morro verlegt war. Oh Gott, dachte ich, es ist die Festung auf der Ostseite der Hafeneinfahrt, direkt am Leuchtturm. Dieses Gefängnis hat riesige Kasematten in mehreren Etagen. Sie wurden damals als Gefängnis genutzt. Ich machte mich auf den Weg. Nachdem ich mich ausgewiesen hatte, bestätigten sie mir, dass unser Mann hier wäre. Weder meine Visitenkarte noch die Tasche nahmen sie mir ab. Mit meinem Latein war ich nun am Ende. Ob ich wollte oder nicht, nun musste die Botschaft informiert werden. Nur auf dem offiziellen, diplomatischen Weg war hier unserem Kollegen zu helfen.
Der Botschafter war sehr erbost. Es wurde ein Bürger der DDR verurteilt, ohne die Botschaft vorher zu informieren und einzubeziehen. Nun war er am Zuge. Die Sache wurde politisch. Beim Kubanischen Außenministerium wurde interveniert.
Ich bekam am 2. Tag von der Botschaft einen Anruf. Ich sollte unseren Mann um 18.00 Uhr, am Haupttor des Castills abholen.

Es gab die offizielle Beauflagung: Der Mann müsse in 48 Stunden das Land verlassen.
Für kubanische Verhältnisse ungewöhnlich, ging pünktlich um 18.00 Uhr das Tor auf und ein Mann kam auf mich zu und sprach: „Guten Abend Herr Seffner!“, plötzlich dämmerte es bei mir, sollte das unser Mann sein? Er war es. Man hatte ihm eine Glatze geschoren und den Bart völlig abrasiert. Ich dachte damals, der hat nur noch Ohren am Kopf. So ein Aussehen hatte ich nicht erwartet. Ich wollte eigentlich einen bärtigen Langhaarigen abholen. Trotz allem, sie hatten die Ordnung wieder hergestellt. Ich nahm ihn mit in meine Wohnung. Dort erzählte er mir dann, er wollte Uhren verscherbeln und die Kubaner hatten ihn dafür bereits das Geld gegeben. Er gab die Uhren aber nicht her, weil er dachte, mit dem Geld stimmt etwas nicht. So erreichten ihn dann die Polizisten mit den Uhren und dem Falschgeld. Am kommenden Tag setzte ich ihn in ein Flugzeug; und er flog über Madrid nach Berlin.
Eine andere Geschichte, die sich mir einprägte, weil sie sonderbar ablief und auch für mich eine Überraschung in sich barg, möchte ich noch erzählen.
Nach mehr als drei Monaten auf See konnte so mancher Hochseefischer den schönen, immer turtelnden Kubanerinnen nicht widerstehen. Die Kapitäne und auch ich, konnten unsere Jungs verstehen. Unsere Fischer wurden schwach, wenn sie von den hübschen Mulattinnen umgarnt wurden. Wie es in einem Hafen so ist, blieb dann so eine kleine Liebelei oft nicht ohne Folgen. Es passierte nicht oft, aber es passiere eben immer mal wieder. Nach 6 Tagen merkten dann unsere Fischer, was sie sich eingehandelt hatten. Fuhren sie mit der „Robert Koch“ zum Fangplatz, wurde der Schaden schnell auf See behoben. Fuhren sie aber nach Hause, brach, wie jeder verstehen kann, bei den Verheirateten eine Welt zusammen. Doch Gott sei Dank, war das dann nicht mein Problem. Wir konnten nur immer warnen und darauf aufmerksam machen, dass hier im Hafen keiner davor gefeit ist.

Die Schwarze Marie und der Hund von Baskerville

Eines Tages kam der Konsul unserer Botschaft zu mir. Er erklärte mir, er hätte ein Schreiben von der Gesundheitsbehörde der DDR auf dem Tisch. Sie machten auf mehrere Hochseefischer aufmerksam, die sich mit einer Geschlechtskrankheit angesteckt hatten. Es wurde ganz konkret auf mehrere Damen verwiesen. Bei der „Schwarzen Maria" und bei einer Dame, die sich „Hund von Baskerville" nannte, hätten sich gleich mehrere Bürger angesteckt. Gehört hatte ich die Namen von beiden Frauen, doch ich kannte sie nicht. Mir war diese Angelegenheit sehr peinlich. Ich klärte unseren Konsul über Belehrungen auf, die wir mit unseren Besatzungsmitgliedern durchführten. Ich meinte damals, mehr können wir nicht tun. Sie sind selbst verantwortlich für ihre Handlungen. Die Gesundheitsbehörde zu Hause fragte, ob wir nichts unternehmen könnten. Da war guter Rat notwendig, was sollten wir tun. Der Konsul kam aus Greifswald und war mal Lehrer gewesen. Er nahm seine Aufgaben immer sehr ernst und wollte etwas unternehmen. Ich meinte damals, wir könnten das Milieu ja mal studieren und dann beraten ob mehr getan werden könnte. Eines Tages zogen wir beide gegen Abend los. Es war eigentlich noch zu früh am Tage, denn es rührte sich nicht viel in den Bars.

Doch unser Konsul ließ sich nicht entmutigen. Er wollte die Bar besuchen, die von den Hochseefischern bevorzugt wurde.

Ich brachte ihn zum U-Boot, die Bar mit Namen „Nautilus". Hier ging wohl der Trubel gerade richtig los. Man erkannte uns sofort als DDR Bürger. Sie begrüßten uns mit einem lauten Hallo.

Irgendwie sahen sie uns wohl an, dass wir nichts im Schilde führten und nur neugierig waren. Beide Barkeeper pflaumten uns dabei von der Seite an und als dann die Damen sich an uns heranmachten, war es meinem Konsul zu viel. Wir dampften wieder ab. Er meinte dann, es ist unmöglich die Maria und den Hund von Baskerville zu finden. Für ihn war dieses Kapitel erledigt. Für mich eigentlich auch. Was er nach Berlin schrieb, weiß ich nicht, war mir eigentlich auch egal.

Diese Begebenheit hatte ich zu Hause auch mal im engen Kreis erzählt. Als sich danach nun folgendes abspielte, hatte ich eine kleine Delegation von zu Hause in Havanna. Eigentlich hatten wir die Arbeit

des Tages erledigt und ich war in meiner Wohnung zurück gekehrt. Nach einer bestimmten Zeit klingelte es an meine Wohnungstür und vor mir stand der Chef der Delegation. Ich glaube er ist uns allen bekannt. Es war niemand aus der Fangdirektion und auch kein anderer Hochseefischer, er sollte hier einen Vertrag im Hafen für unser Kombinat abschließen.
Er kam an dem Abend nicht allein. Wie, als wäre es ganz selbstverständlich meinte er damals: „Ich wollte dir die beiden gesuchten Damen „die Schwarze Maria und den Hund von Baskerville“ mal vorstellen und wenn du Gutes tun willst, dann mache uns was geschmackvolles zum Essen, die Damen haben großen Hunger.“ Zu Hause, im Kombinat, musste diese Geschichte auch bekannt sein, vielleicht hatte er sie sogar bearbeiten müssen. Für diese Art von Überraschungen war er bekannt, dass konnte und traute nur er sich. Viele meiner Kollegen und Chefs wussten das auch. Wie er das mit den beiden Damen angestellt hatte, erklärte er mir auch nicht.
So lernte ich die beiden Damen dann doch noch kennen. Der Frauenkenner würde sagen, erste Sahne. So hübsche Frauen hatte man zu Hause bei uns bestimmt nicht. Im wahrsten Sinne des Wortes hatte die Schwarze Marie eine ungewöhnlich schwarze Haut, schwärzer als andere dunkelhäutige Frauen hier. Sie war wohl 1,80 Meter groß und sehr gut geformt. Da konnte ich sofort unsere Jungs verstehen. Und der Hund von Baskerville war klein dagegen. Eine Dame, eine Mulattin von aller bester Sorte. Beide sehr gepflegt und mit den besten Manieren. Ich bin ehrlich auch mir lief das Wasser im Mund zusammen und ich dachte daran, wie es einen Hochseefischer nach 100 Tagen Seeeinsatz dann erst geht. Da war bestimmt der Verstand zum Teufel. Dem Konsul habe ich darüber aber nicht berichtet, ich behielt diese interessante Begebenheit für mich.

Beinahe wie ein Rauchsignal

Einen eigenen Sender oder Empfänger, um mit der „Robert Koch“ oder anderen Schiffen Kontakt zu halten, hatten wir nicht. Dafür hatten wir für einlaufende Schiffe unserer Flotte aber ein besonderes Signal. Einlaufende Schiffe nach Havanna sahen immer zuerst die hohen Wolkenkratzer der Stadt. Darunter auch die „Foxa“, den

Wolkenkratzer in dem wir wohnten. Der Kapitän der „Robert Koch" versuchte beim Herannahen an Havanna mit dem Fernglas baldmöglichst zu erkennen, was für ein großes Handtuch auf dem Balkon der Fischereivertretung hing. War es ein rotes Handtuch, drehte der Kapitän bei. War es ein grünes Handtuch lief er zur Hafeneinfahrt und wartete auf den Lotsen. Diese Farbe bedeutete: Es ist alles klar zum Einlaufen.

Fischereihafen von Havanna

In dem ersten Buch über die Rostocker Hochseefischer habe ich gelesen, wie Kapitän Karl Hoppe das Ein- und Ausdocken eines Verarbeiters beschrieb. Da ich dabei war, kann ich diese vielen Schwierigkeiten, die dabei auftraten und das Vorgehen unserer kubanischen Freunde nur bestätigen. Doch sie haben es irgendwie immer geschafft.

Das Dock gehörte dem dortigen Fischereihafen. Hier dockten viele ausländische Schiffe, aber vor allem sowjetische Fischereifahrzeuge. Ich ließ mich immer mal wieder dort, im Fischereihafen sehen, denn auch wir benötigten ihre Hilfe für unsere Fahrzeuge.

Der Fischereihafen (Porto Pesquero) war ein Vorzeigeobjekt von Havanna. Jeder wusste wo er war. Verlief sich ein Hochseefischer, brauchte er nur nach dem Fischereihafen fragen und sie zeigten ihm den Weg.

Er war gleich nach der Revolution von der damaligen Sowjetunion gebaut worden. Eigentlich ähnelte er unserem alten Fischereihafen in Rostock. Er war aber weit aus größer. Neben den Werkstätten und großen Kühlhäusern gab es zwei Schwimmdocks. In den Kühlhäusern lagerten auch Fisch- und Fleischreserven des Staates. Das war auch ein Grund, dass man den Hafen ständig bewachte und unsere Seeleute und wir beim Verlassen und Betreten kontrolliert wurden.

Diese Kontrollen brachten Hein Seemann oft in große Not. Ich sagte mir immer, du brauchst nicht immer wissen, was sie unseren Leuten dort beim Kontrollieren alles abnehmen. Der Ärger hätte nie aufgehört. Von diesen konfiszierten Sachen sahen wir eine Zeit lang immer den Schnaps wieder. Hatten sich dort so um die 15 bis 20 Flaschen angesammelt, bestellte man mich in das Hafenbüro und übergab mir die Flaschen. Meistens war es Weinblattsiegel, also Brandwein mit einem Transitpreis von 3,54 Mark der DDR. Da ich nicht wusste, wem der Schnaps abgenommen wurde, konnte ich als Fischereivertreter frei über den Verbleib entscheiden.

Als kleines Geschenk erhielten dann die Behörden oder die Institutionen den DDR Weinblattsiegel und ich beruhigte mein Gewissen und meinte, alles nur zum Wohle und Nutzen unserer Fischer. Oft lief es auch reibungsloser und ohne viel Probleme, wenn ich besondere Wünsche für die Besatzungen hatte.

Es wurde auch versucht so manches Schmuggelgut über den Zaun zu werfen, um der Kontrolle zu entgehen. Meisten gingen diese Aktionen in die Hosen, denn es waren immer Wachleute am Zaun, die solche Aktivitäten beobachteten.Schlau wurden unsere Fischer dabei nicht, sie versuchten es immer wieder.

Einmal wollte ein Hochseefischer einen Sack mit Textilien über den Zaun werfen. Der Kumpane wartete auf der anderen Seite auf die Schmuggelware. Da der Zaun mehr als zwei Meter hoch war, gelang dies natürlich nicht auf Anhieb. Der Sack wollte einfach nicht über den Zaun fliegen. In ihrem Eifer hatten sie übersehen, dass ein Polizeiauto diese Aktion beobachtete. Als es endlich vollbracht war, griffen die Polizisten zu und unser Mann wurde mit zur Wache genommen. Der Mann, der noch im Fischereihafen war, entkam. Er lief zurück an Bord und es blieb ihm nichts anderes übrig, als seinem Kapitän von diesem Schmuggelversuch zu berichten. Ich holte den anderen Seemann wieder von der Wache ab. Mit einem Fischpaket kamen wir glimpflich aus der Sache heraus.

Diese Begebenheit sprach sich herum und es hieß danach: - Wirfst du Sachen über den Zaun, empfängt dich sofort die Polizei mit einem - Herzlich Willkommen -. Seitdem ist nichts mehr am Zaun passiert.

Meinen ersten Jahreswechsel erlebte ich 1973 zu 1974 in Havanna. Damals war ich erst wenige Wochen hier in Lande; und ich kannte mich mit manchen Gepflogenheiten hierzulande noch nicht aus.

Sylvesterfeiern und die Folgen

Die Sylvesterfeier der Handelspolitischen Abteilung, der ich ja zugeordnet war, sollte auf einem Villengrundstück der Seereederei stattfinden. Ich ging rechtzeitig zu Fuß los und kam doch viel zu spät und auch schweißtriefend dort an. Ich hatte die Entfernung völlig unterschätzt. Der überwiegende Teil der Mitarbeiter der Handelspolitischen Abteilung kannten mich als Fischereivertreter und Interflugbeauftragten überhaupt noch nicht. Es gab viel Beifall als verkündet wurde: „Stellt euch mal vor, er ist zu Fuß gekommen!" Das war außergewöhnlich.

Es war eine wunderschöne Feier. Rum gab es in allen Variationen und er floss reichlich. Der zweite Handelsrat nahm mich mit nach Hause in seinem Auto.

Mein zweites Sylvester feierte ich 1975 zu 1976 im Bekanntenkreis in unserer Wohnung, weil ich noch in den Hafen wollte.

Geknalle und Geballer, Raketen und Feuerwerk gab es hier nicht. Mir fehlte einfach etwas, es war zu ruhig zum Jahreswechsel. Dagegen wurde Wasser von den Balkons und aus den Fenstern geschüttet und das eimerweise. Dieser komische Brauch sollte bewirken, dass man im kommenden Jahr reichlich mit Wasser versorgt wird. Ich konnte den Wunsch nach viel Wasser verstehen und hätte am liebsten selbst nach einer Schale mit Wasser gegriffen. Damals beendeten wir unsere Feier nach dem Jahreswechsel, weil ich noch in den Fischereihafen an Bord des FVS „Peter Nell" wollte, die wegen einer Reparatur im Hafen lag.

Groß war meine Überraschung als das Tor zum Hafen weit offen stand. Auch im Büro war keine Menschenseele. Irgendwie waren wohl alle ausgeflogen. Auch der Schrank, indem meistens mein Schnaps aufbewahrt wurde, stand offen und war leer. Der sonst so streng bewachte Fischereihafen - ohne Wache. Es war für mich unvorstellbar. Vor unserem Schiff standen bereits viele Autos und an Deck waren viele, viele Menschen. Kubanische Musik erklang und alle Leute hier, feierten den Jahreswechsel. Ein wahres Freundschaftsfest dachte ich damals. Die Kubaner waren ja groß im improvisieren und feierten gerne. Es hatte sich wohl alles so ergeben. Beim Kapitän Rudi Andres traf ich dann den Chef der Hafenwache.

Unser Kapitän und der Chef der Hafenwache tranken auf die Freundschaft unserer Länder. Als ich dazu kam, wurde sofort nachgeschenkt. Leider hatte diese Feier an Bord der „Peter Nell“, bei Rudi Andres für den Chef der Hafenwache doch ein Nachspiel. Er wurde strafversetzt. Schlimm war, dass damit meine Quelle zum Weinblattsiegel trocken lag und der Repräsentationsschnaps versiegte.

Geduld, Geduld

Stand ein Besatzungsaustausch vor der Tür, dann waren schon umfangreiche Formalitäten zu erledigen. Ich musste an viele Türen klopfen - immer wieder. An das Manjana, Manjana der Kubaner hatte ich mich schon gewöhnt und wusste wie ich damit umgehen musste. Doch manchmal war auch ich geschafft, hatte das Gefühl vieles zweimal gemacht zu haben. Für mich war dieses ständige Nachfassen, Nachfragen oftmals bitter. Erträglich war es nur, weil alles immer freundlich ablief, wir nie im Bösen auseinander gingen. Trotzdem möchte ich in meinem Leben diese Zeit nicht missen. Es war doch eine schöne Zeit und ich bin dankbar, dass ich diese Zeit erleben durfte. Es gab aber immer wieder Begebenheiten, die mich erfreuten. War ein solcher Tag vorüber, konnte ich oftmals sagen: hast gut gemacht Seffner, hast anderen eine Last vom Herzen genommen und einigen auch Freude bereitet.
Eine solche Begebenheit möchte ich nun erzählen.

Als Fremdenführer

Für unsere Hochseefischer war der Besatzungsaustausch was Besonderes, Interessantes und brachte immer Abwechslung in ihr Leben. Als Fischereivertreter habe ich immer versucht, wenn es möglich war, ihnen die Zeit auf Kuba abwechslungsreich zu gestalten, ich wollte ihnen Kuba mit seinen Menschen näher bringen. So ermöglichte ich ihnen Veranstaltungen zu besuchen, die nähere Umgebung durch Ausflüge kennen zu lernen oder ich zeigte ihnen die Stadt Havanna. Bei solchen Rundfahrten war es ganz natürlich, wenn alles Mögliche gefragt wurde und ich eigentlich alles wissen sollte. Anfangs war das keineswegs der Fall. Bei uns ging immer die Fischerei vor und spezielles Wissen zu einem Land oder den Städten,

den Menschen mit ihren Kulturen war nicht so ausgeprägt. Ich möchte mich vorsichtig ausdrücken.
Heute gebe ich zu, dass ich anfangs, die Namen oder andere Bezeichnungen erfand, nur um nicht unwissend dazu stehen.
Wurde ich nach einem selten aussehenden Baum gefragt, antwortete ich, das ist eine mittelamerikanische Zwirbelpalme. Ich wusste es nicht, aber ich hatte schon mal ähnliches gehört. Mein Nichtwissen war Anlass, mich sehr intensiv mit der Geschichte von Kuba, den Besonderheiten der Stadt Havanna und auch mit der Botanik und anderen Dingen des Landes zu befassen. Nun war eine Stadtführung auch für mich ein Erlebnis, wenn ich den Besatzungen die geschichtlichen Zusammenhänge und die Besonderheiten der Stadt erläutern konnte. Ich brauchte mir nichts mehr aus zu denken und beim Schwindeln rot zu werden. Ich erhielt immer sehr viel Beifall von unseren Besatzungen. Es machte viel Spaß.
Eines Tages kam ein Anruf von der Seereedereivertretung. Ein dringender Hilferuf. Sie hatten für eine Gästegruppe des Urlauberschiffes „Völkerfreundschaft“ eine Stadtrundfahrt organisiert. Nun standen sie abfahrtbereit und der deutschsprachige Stadtführer fehlte. Ich hatte Zeit und fuhr umgehend zum Hafen. Ohne jede Vorrede begann ich mit meinen Erläuterungen zu Kuba und der Stadt.
Nach zwei Stunden waren wir wieder im Hafen vor ihrem Schiff. Es gab viel Beifall. Eine Frau, sicherlich aus Sachsen, meinte damals: „Es war wunderschön. Sie sprechen ja ein fast fehlerfreies Deutsch. Wo haben sie unsere Sprache erlernt?“ Ich musste sie etwas enttäuschen und gab mich als DDR Bürger zu erkennen. Als ich dann noch erklärte, ich wäre Fischereivertreter und würde hier im Land vordringlich den Besatzungsaustausch für unsere Hochseefischer organisieren, war sie überrascht. Sie fragte: „Ach nein, dass ist ja interessant, soweit schicken wir unsere Boote zum Fischfang?“
Sie wusste bestimmt nicht, wo sie zu Hause den Fisch herbekam und das Wort Boote machte mich beinahe sprachlos.
Ich habe dann mit wenigen Worten die nichtwissende Frau zur wissenden Dame gemacht.

Beinahe in der Hafenbrühe ertrunken

In Havanna, im Hafen, hätten wir beinahe einen Mann verloren. Er wäre ertrunken, hätten die Leute der „Robert Koch" ihn nicht rechtzeitig gesehen, wie er im Wasser schwamm und vor allem seine in Todesängsten abgegebenen Hilfeschreie gehört.

Einer unserer Produktionsarbeiter hatte ein bisschen zu viel von dem Rum getrunken und fand nicht nach Hause - an Bord.

Nach seinem Umherirren sah er dann plötzlich die „Robert Koch" auf der anderen Hafenseite liegen. Nun machte er einen neuen Anlauf, um an Bord zu kommen. Doch auch der misslang und er stand wieder am Hafen und „Robert Koch" lag wieder auf der verkehrten Seite. Es war Abend geworden und er hatte das Umherlaufen gründlich satt. Hier führen nur gerade Wege zum Ziel, dachte er sicherlich in seinem Zustand. Er sprang wagemutig in die Hafenbrühe und schwamm zur „Robert Koch". Doch er hatte sich wohl überschätzt und hatte Glück, dass die Wache ihn erblickte, seine Hilferufe hörte und aus dem Wasser fischte. Ein glücklicher Ausgang.

Ausnüchtern bei der Polizei

Bei einem Besatzungsaustausch mit der „Robert Koch" waren wohl gleichzeitig beinahe 200 Hochseefischer in der Stadt. Zur Ruhe kam ich dann nie. Irgend etwas passierte immer. Es kam immer wieder vor, dass sich Besatzungsmitglieder, wie unsere beiden Produktionsarbeitern in der großen Stadt verirrten und nicht ins Hotel oder an Bord unseres Hilfsschiffes fanden. Da sie sich auch fast nicht verständigen konnten, landeten sie meistens bei der Polizei. Diese rief dann beim Bereitschaftsdienst der Botschaft an und die Botschaft bei mir. Es war wohl im Jahr 1977, da wurde ich gegen Mitternacht von der Polizei angerufen. Sie kannten mittlerweile auch meine Telefonnummer. Ich war gerade nach Hause gekommen. Sie informierten mich, dass zwei hilflose Männer von unseren Besatzungen bei ihnen gelandet waren.

Es waren tatsächlich hilflose Männer. Sie erkannten nicht einmal mich. Ich dachte, es ist wohl richtig, dass sie erst mal ausnüchtern und wieder zu sich kommen. Die Polizei war einverstanden, ich würde sie früh abholen, denn sie sollten ja nach Hause fliegen.

Am nächsten Morgen hatte ich erst mal damit zu tun, dass die Besatzungsmitglieder in die Busse kamen und man sie zum Flugplatz brachte. Ich ließ die Sachen der beiden Hochseefischer packen und hatte natürlich den Kapitän über den Aufenthalt seiner beiden Leute informiert.
Ich glaube, die beiden dachten, als sie wieder zu sich kamen, der Rückflug ihrer Besatzung ist bereits erfolgt. Sie saßen mit hängenden Köpfen da, es war bereits eine Stunde nach dem eigentlichen Abflugtermin. Kein schöner Anblick, die beiden ungewaschenen, verkaterten Fischer. Ich dachte Strafe muss sein und ließ sie zappeln. Als ich ihnen sagte, wir fahren erst die Sachen holen und dann zum Flugplatz, erklärten beide, die Sachen könnten an Bord bleiben, sie wollten nur zum Flugplatz, um mit nach Hause zu kommen. Ich wusste ja, der Abflug war auf 11.00 Uhr verlegt worden. Wenn ihr es so wollt, meinte ich, dann fahren wir zum Flugplatz.
Ihre Sachen hatten die Kollegen bereits mitgebracht. Die beiden Suffköpfe wären mir am liebsten um den Hals gefallen, so freuten sie sich, als sie das Flugzeug und ihre Kollegen sahen. Ich bekam ein Dankeschön von beiden Hochseefischern und hörte förmlich, wie ihnen ein Stein vom Herzen fiel. Von ihren Kollegen wurden sie zurecht gestupst. Sie verschwanden in den Toiletten und als sie wieder erschienen, sahen sie vernünftig und ordentlich aus. Auch ich freute mich und bat den Alten, es nicht an die große Glocke zu hängen.“

Mit dem Fischereihilfsschiff „Robert Koch“ zum Besatungsaustausch durch den Panamakanal in den Pazifik

Wir saßen immer noch in seinem Garten und erzählten. Als die Mücken uns beinahe auffraßen, verzogen wir uns nach innen. Der Rum schmeckte vorzüglich, den Horst nach kubanischer Sitte aufbereitete. Bestimmt machte der Rum, den wir uns einverleibten, das Erzählen auch einfacher und leichter.

Horst Seffner schaute noch einmal zurück, als er weiter berichtete:
„Es fiel mir damals doch schwerer als ich dachte“, meinte Horst Seffner, „die Arbeit in Havanna an meinen Kollegen Harald Kindermann zu übergeben. Ich dachte, dass war es dann. Die Arbeit bedeutete mir hier mehr als ich anfänglich dachte. Aber ich wusste ja, dass es sein sollte und war auch vorbereitet. Mein Platz auf dem Hilfsschiff „Robert Koch“ als Kapitän wartete auf mich. Im Juli 1975 war es dann soweit. In Rostock hatten unsere Reparaturleute das Schiff gründlich überholt. Mein Chief, Peter Ahlgrimm, hatte alles überprüft und die Reparaturen abgenommen. Für mich war er ein hervorragender Fachmann, der immer sorgfältig erwog, was für einen Einsatz als Besatzungstransporter im Pazifik notwendig war. Ja, wir sollten unsere Besatzungen im Pazifik austauschen. Unser Schiff war in einem technisch sehr guten Zustand. Nach dem Auslaufen stellte ich fest, wir machten mächtig Fahrt und liefen wie die Feuerwehr. Ich war sehr zufrieden.
Auch meine Offiziere hatten das Schiff ordentlich aufgerüstet. Wir mussten uns auf die dort vorherrschenden Bedingungen einstellen. Ich selbst hatte mich, einer ordentlichen Reisevorbereitung entsprechend, mit dem Austauschhafen, den Wetterverhältnissen, Besonderheiten im Küstenbereich und auch mit anderen Häfen dieser Region vertraut gemacht. Insbesondere hatte mich mein Kollege, Kapitän Hans Pecat in die gesetzlichen Bestimmungen, in die Regulierungen der dortigen Küstenstaaten eingewiesen. Das war für

uns alle, die wir in diese Gebiete fuhren eine große Hilfe. Alleine hätten wir bestimmt das Wichtigste nicht aus den Bergen Papier herausgefischt. Diese kleine Arbeitsgruppe an Land war äußerst wichtig für uns in der Flotte. Kpt. Pecat bereitete die Gesetze und Regulierungen der Küstenstaaten auf und machte sie für uns lesbar. Er arbeitete dabei eng mit der Fischereiaufsichtsbehörde der DDR zusammen. Diese Behörde wurde sofort eingeschaltet, wenn wir Probleme mit den Küstenstaaten hatten.
Unsere Reise über den Atlantik und durch die Karibik mit Ziel Panamakanal hatte begonnen. Ich war dabei, mir einen Kindheitstraum zu erfüllen. Seit ich bei der Hochseefischerei war, träumte ich vom Panamakanal. Ich wollte unbedingt dieses sogenannte Meisterwerk der Technik selbst einmal durchfahren. Wir waren alle gespannt auf die Panamadurchfahrt. Ich dachte, du richtest es so ein, dass die Durchfahrt bei Tageslicht erfolgt. Eigentlich durfte nichts schief gehen, überlegte ich immer wieder.
Die Kanalgebühren waren für die „Robert Koch“, wie es üblich war, durch das Fischkombinat in Verbindung mit einem Makler überwiesen worden. Barzahlungen waren nicht üblich. Im Durchschnitt kostete eine Durchfahrt für ein größeres Schiff so um die 45.000 Dollar. Was wir bezahlten, kann ich leider nicht sagen.
Ich hatte mich im Port Control Centers von Cristobal bereits 48 Stunden vorher angemeldet, danach noch einmal meine Ankunftszeit berichtigt und musste nach meinem Eintreffen bei Tagesanbruch erst mal warten. Wir gingen vor Anker auf Reede in der Limon Bay, vor den panamesischen Städten Cristobal und Colon. Hier in der geschützten Reede warteten noch andere Schiffe auf die Durchfahrt.
Gegen 11.00 Uhr traf ein Boot mit zwei Beamten und einem Vertreter unseres Maklers ein. Ich wunderte mich, von den Beamten ging eine Eiseskälte aus, kein freundliches Wort, keine aufmerksame Geste, nichts dergleichen. Lag diese Haltung an unsere Flagge, an der Einstellung zu unserem Land?
Ich dachte nun, sie würden die Manövrierfähigkeit unser Schiff prüfen. Nichts dergleichen. Fragen nach einer gefährlichen Ladung stellten sie nicht und als ich erklärte, wir hätten keinerlei Ladung an Bord, außer eigene Versorgungsgüter, nickten beide.

Vorlegen mussten wir den Panamakanal - Messbrief. Er war in Rostock angefertigt worden und damit war eine erneute Vermessung des Schiffes nicht notwendig.
Auch mit den Quarantänebestimmungen hatten wir keine Probleme. Ich hatte meine gelbe Flagge gesetzt und meine Meldungen an den Chief Quarantine Officer zeitgemäß abgegeben.
Wichtig war, dass die zwei Panamakanalleuchten funktionierten. Wir hatten die zwei blauen Lampen vorbereitet, um sie an Backbord und Steuerbord in den Mast zu heißen. Bei uns weniger, aber bei größeren Schiffen, sicherlich bei unseren FVS wurde untersucht, ob die Visibility Line, der Abstand vom Bug bis soweit voraus, dass man auch kleinere Schiffe oder Boote ausmachen kann, in Ordnung ist.
Nun teilten sie mir mit, dass wir am Sonnabend um 18.00 Uhr für die Durchfahrt eingeordnet waren. Mich haute es beinahe um, aber sie reagierten überhaupt nicht auf meinen Protest. Ich glaube, irgendwie sahen sie unser Schiff als Staatsschiff an und mit uns wollten sie wohl nichts zu tun haben. So ist das manchmal. Hilfsschiffe waren als Staatsschiffe deklariert. Das fiel mir aber erst viel später ein. Sie hatten an Bord auch nichts zu trinken angenommen und auch von der vorbereiteten „Kalten Platte" nichts angerührt. Für mich eine riesige Enttäuschung. Ich hatte mich auf dieses Erlebnis sehr gefreut. Doch ich konnte es nicht ändern.
Als am Sonnabend um dreiviertel sechs noch nichts von einem Lotsen zu sehen war, war für mich die Welt so gut wie untergegangen. Doch pünktlich um 18.00 Uhr stiegen der Lotse und einige Kanalarbeiter an Bord.
Diese Leute wurden für die Arbeit in den Schleusen gebraucht.
Der Panamakanal ist eine Region der Welt, in dem der Lotse nicht der Berater des Kapitäns ist, sondern er übernimmt die volle Verantwortung für das Schiff bei der Durchfahrt. Ich wusste gleich, dass ist ein richtiger hochnäsiger Kerl. Es war ein Ami, arrogant wie kein anderer. Ich konnte jedoch nicht darüber hinwegsehen, er war ein erfahrener Seemann und guter Fachmann.
Er ließ, ohne viel zu reden, den Anker lichten. Nicht einmal nach den Manövrierfähigkeiten und der Fahrt des Schiffes hatte er gefragt. Ich dachte, dass kann ja was werden, als er die Maschine auf

„Voraus - Volle Fahrt“ beorderte. Unser Schiff hatte wohl einen müden Eindruck auf ihn gemacht. „Robert“ mit ihren 1.100 BRT und ihren 2.300 PS machte gleich einen Sprung voraus und hatte nach ganz kurzer Zeit ihre volle Geschwindigkeit erreicht. Damit hatte er nicht gerechnet, irgendwie bekam er einen Schreck. Er ging auf „Stop“ und nun kamen seine Fragen zum Schiff. Bei weiteren Manövern unterschätzte er aber immer wieder unser Schiff. Der Mann machte mich nervös und ich war doch aufgeregt. Die Durchfahrt als ein besonderes, bedeutendes Ereignis in meinem Leben als Kapitän, hatte ich mir anders vorgestellt.
Nun steuerten wir die ersten drei hintereinanderliegenden Schleusen an. Es waren nur etwa 6 Seemeilen, die wir bis zu den Gatun-Schleusen zurücklegen mussten.
Man sollte wissen, dass der Wasserspiegel des Pazifiks im Kanalbereich nur 24 cm höher als der des Atlantiks ist. Doch unser Weg führte durch den Gatunsee, einem Stausee, der 26 Meter über dem Meeresspiegel lag. Es ist die größte Höhe, die überwunden werden muss. Danach senkten die Schleusen unser Schiff wieder ab.
In den Schleusen, die eine Länge von 305 m, eine Breite von 33,5 m und eine Höhe von 26,3 m hatten, durfte nicht mit eigener Kraft manövriert werden. Bei der Fahrt durch die Schleusen wurde unser Schiff von elektrischen Lokomotiven, rechts und links auf der Schleusenmauer gezogen und auch so ein bisschen bugsiert. Je nach Größe des Schiffes hängt man das Schiff an vier oder acht Lokomotiven. Die Lokomotiven sind dann durch Stahlseile mit den Schiffen verbunden. Wir hatten vorne zwei und hinten ebenfalls zwei Lokomotiven zum Stoppen des Schiffes. Die Lokomotiven zogen uns ganz behutsam durch die Schleusen. Ich verfolgte aufmerksam diese Arbeiten. Bewundert habe ich die Pasacables, das sind die Festmacher, wie sie mit den Wurfleinen umgingen. Die Schiffe wurden sehr sorgsam in den Schleusen von allen behandelt. Die Anlagen in den Schleusen hatten aber ihre Jahre auf dem Buckel, man sah es ihnen an.
Nach den Gatun - Schleusen durchquerten wir den Gatunsee und liefen dann in das Kanalbett des Gaillard Cut. Jetzt hatten wir doch recht hohe Hügel an beiden Seiten des Kanalufers. Ich dachte, als ich

diese steinige Gegend betrachtete, an die langen Jahre, die es dauerte, bis der Panamakanal fertig gebaut war.
1880 wurde mit dem Bau begonnen. Nach zehn Jahren gaben die ersten Erbauer mehr oder weniger auf. Tausende Menschen starben an Epidemien durch das feucht-schwüle Klima, dass die Ausbreitung von Krankheiten unterstützte. Nachdem die Franzosen den Bau einstellten, erwarben die USA Rechte am Kanalbau. Schon damals griffen sie immer wieder im Weltgeschehen ein, auch, als die Panamesen um ihre Unabhängigkeit von Kolumbien rangen. Sie verhalfen den Menschen dieser Region 1903 zu einer eigenen Republik. Sie witterten aber auch mit einem Kanal vom Atlantik zum Pazifik ein weittragendes Geschäft und im gleichen Zuge strategische Vorteile für ihre Flotten. So bauten sie nach der Eigenständigkeit Panamas noch zehn Jahre an dem Panamakanal bis zur ersten Durchfahrt am 15. August 1914 mit einem Postschiff. Durch einen Vertrag hatten die USA sich Rechte von jeweils 5 Meilen an beiden Seiten des Kanals gesichert, die sie jedoch Ende 1999 aufgeben mussten.
Der Kanalbau hat eine umfangreiche Geschichte. Heute überlegt man, wie es weiter gehen soll, denn die Schiffe wurden größer und breiter und dass Interesse einer Wegverkürzung vom Pazifik in den Atlantik oder umgekehrt, ist auch für die ganz großen Schiffe vorhanden.

Doch wir waren mit unserem Hilfsschiff noch nicht durch den Kanal. Wir steuerten nun die Pedro Miguel - Schleuse an. Sie liegt am Nordende des Miraflores Lake, ein durch Dämme geschützter Brackwassersee, der eine Länge von 1 sm hat. Das Fahrwasser soll hier eine Breite von 229 m haben. Der Wasserspiegel liegt hier 16,8 Meter über den Meeresspiegel.
Nachdem wir auch diese Schleuse überwunden hatten, ging es weiter zu den letzten beiden Schleusen am Ende des Miraflores Lake. Auch mit den Miraflores Schleusen verlief alles ohne Probleme. Nun waren wir wieder auf dem Niveau des Stillen Ozeans.
Als der Morgen dämmerte, beendeten wir unsere Kanalfahrt. So richtig genießen konnte ich die erfolgte Passage nicht.

Das Vorspiel mit den Kanalbeamten und die nächtliche Fahrt, waren wohl die Ursache.
Anerkennen möchte ich, dass die Durchfahrt perfekt ablief, die Organisation und das Zusammenspiel, alles war bewundernswert.
Beeindruckt haben mich die Schleusen und die Loks. Leider habe ich von der Natur um den Kanal wenig sehen können - schade.
Etwas versöhnlicher stimmte mich die Fahrt unter der America Bridge. Es ist die einzige Brücke, die den Kanal überspannt. Es ist die Fortsetzung der amerikanischen Route 66, die durch Mexiko läuft und dann durch ganz Südamerika bis zum Feuerland führt.
Ich tröstete mich aber damit, dass wir ja wieder zurück mussten.

Eine Panamakanaldurchfahrt, war für eine Rostocker Hochseefischer schon ein besonderes Ereignis.

In den Schleusen des Panamakanals

eine wunderschöne Landschaft am Kanal

Uferlandschaften, von denen wir leider nichts gesehen haben bei unserer Durchfahrt

Die berühmte Amerika - Bridge

Austauschhafen Acajutla

Den Hafen Acajutla, in El Salvador, über den unser Besatzungsaustausch laufen sollte, erreichte ich einen Tag früher als geplant. Wir hatten alle gehofft, hier in El Salvador einen romantischen, angenehmen Hafen vorzufinden. Doch wir schlugen die Hände über den Kopf zusammen, so ein tristes Kaff fanden wir hier. Eigentlich sollte man ja immer höflich, besser gesagt diplomatisch sein, wenn es sich nicht um das eigene Zuhause dreht und über manche Empfindungen einfach hinweg schauen, aber wir wurden bitter enttäuscht. Hier gab es nur drei Steinhäuser, der Rest bestand aus Wellblechhütten. Fast keine Geschäfte, nur auf dem Markt fanden wir Verkaufsstände.
In El Salvador herrschten damals schlimme politische Zustände. An jeder Straßenecke und vor den wichtigen Gebäuden standen bis an die Zähne bewaffnete Soldaten und andere Uniformierte. Die Einklarierung hatte Stunden gedauert. Der Offizier wusste, dass wir für eine gewisse Zeit regelmäßig einlaufen würden. Er war wohl der Ansicht, wir sollten uns darauf einstellen oder uns überlegen, wie wir diese Vorgänge durch bestimmte Geschenke abkürzen könnten. Ich blieb ruhig. Wir durften an Land gehen. Den Fotoapparat mussten wir aber an Bord lassen. Was hätten wir auch fotografieren sollen? Die Armut, die uns überall begegnete? Oder die Menschen, denen alles gleichgültig erschien und die sich mit ihrem Schicksal abgegeben hatten? Sie taten uns leid. Was sollten wir mit ihnen reden. Über unser Land? Sie hätten es bestimmt nicht verstanden, wenn wir ihnen erzählt hätten, dass jeder Anspruch auf Arbeit hat, kostenlos den Arzt und die Schule besuchen kann! Dieses Leben hier regte bei uns zum Nachdenken an. Trotz aller Widersprüche im eigenen Lande, trotz der vielen Bedingungen mit denen man haderte und nicht einverstanden war, unser Zuhause war uns sehr lieb und wir wollten es auf keinem Fall tauschen. Unseren Seeleuten reichte meistens ein halbstündiger Ausflug durch die Stadt. Dann hatten sie die Nase voll, von diesem Elend, Leid und der Armut. Nur zurück an Bord, es reichte ihnen. Es war immer eine beeindruckende Lehrstunde.
Im Hafen hatten wir große Sorgen. Hier drückte die See so dass sich

ein mächtiger „Swell", so bezeichneten es die dortigen Seeleute, zusammen schob und die Schiffe ständig in Bewegungen hielten. El Salvador, so habe ich es gehört, hatte keinen natürlichen Hafen. Sie bauten aus diesem Grunde vor Acajutla eine Mole auf Betonpfeilern. Man erzählte mir, dass diese Mole nicht bis auf den Grund reichte. Auf der Innenseite wurde die Mole als Pier genutzt. Die Mole fing die Oberflächendünung ab. Sie wurde aber von dieser Dünung unterspült. Alles wohl ein Konstruktionsfehler. Deshalb gab es im Hafenbecken ein ständiges auf und ab der Schiffe. Große, an der Pier angebrachte Platten, die mit einer Federung versehen waren, sollten die Stöße der Schiffe abfangen. Es mussten ständig Matrosen an den Festmachen sein, um sicher zu sein, dass die Leinen hielten.
Der Flugplatz war in der Hauptstadt San Salvador, etwa 165 km von hier entfernt. Die Besatzungen kamen mit Bussen in den Hafen. Von San Salvador flogen wir mit einer Boeing 737 der Air Mexicana nach Havanna. Von dort stieg die Besatzung dann in eine Interflugmaschine um.
Von der Organisation her war das wieder eine Meisterleistung der Einsatzzentrale der Fangdirektion. Die Mitarbeiter, um Günter Wolter und Hans Rudolf und die hervorragende Arbeit der Frauen, Frau Braun und Frau Borchart, sowie des Kollegen Meinhard Willert aus diesem Bereich, kann gar nicht hoch genug eingeschätzt werden. Es ist verständlich, dass meine Besatzung und auch die Austauschbesatzungen froh waren, wenn sie den Hafen verlassen konnten.
Zum Fangplatz benötigten wir runde 10 Tage. Das war natürlich eine lange Zeit, die unsere Besatzung mit unseren Gästen aus der Flotte aushalten mussten. Zum Ärger aller, waren wir oftmals noch überbelegt, weile einige Leute aus anderen Besatzungen unbedingt nach Hause mussten. Auch die Besatzungsmitglieder des DSR Tankers „Leuna I" tauschten wir vereinzelt mit aus.
Unsere Flotte bestand aus den Fang- und Verarbeitungsschiffen „Peter Kast, Peter Nell, F.C.Weisskopf, Walter Dehmel und Rudolf Leonhard". Anfangs war die Fischerei schlecht und die „Walter Dehmel", mit Kapitän Uwe Kröger ging nördlich auf Fischsuche.

Ich freute mich sehr, als ich hörte, dass die Fischerei angezogen hatte und sich täglich verbesserte. Die Saison hatte wohl begonnen und wir waren etwas früh hier im Gebiet mit unseren Schiffen. Doch wer sollte das alles so genau wissen, wenn man es nur aus irgendwelchen internationalen Beschreibungen herausliest und es für einen Flotteneinsatz verwendet. Ich staunte immer wieder, dass alles so perfekt geplant war und alles was mit der Versorgung der Flotte und danach mit der Übernahme der Frostware zusammen hing, reibungslos verlief. Die Leute in der Fangdirektion leisteten eine präzise Arbeit. Auf mich war ich ebenfalls ein bisschen stolz, denn ich war ja ein Rädchen in diesem Getriebe gewesen.
Ich hatte ein Versprechen von meinem Fangleiter erhalten und war fest überzeugt, dass ich zu Weihnachten und zum Jahreswechsel zu Hause sein würde. Wenn unsere Hochseefischer eine lange Zeit auf See waren, dann war so ein in der Ferne leuchtendes Zielobjekt, immer etwas Besonderes in der Phantasie unserer Leute. Ich gestehe, auch für mich. Ich beschäftigte mich viel mit meiner Heimreise und was ich alles machen würde in Rostock. Damit war ich dann immer über bestimmte Zeiträume beschäftigt und ich glaube, sie werden verstehen, dass ich diese Überlegungen immer genossen habe. Das war schon früher so, bei den noch relativ kurzen Reisen.
Doch noch war es nicht so weit und ich hatte einen neuen Besatzungsaustausch in Acajutla vor mir. Wegen der laufenden hohen See manövrierten wir mit äußerster Vorsicht in den Hafen.
Da lief dann schon manchmal der Schweiß, wenn das Heck unseres Schiffes ausscherte und der Rudergänger nicht entsprechend reagierte. Doch wir überstanden diese Manöver und ich dachte immer, das Einklarieren ist nicht weniger bedenklich. Etwas sonderbar war das Verhalten der Behörden schon, doch auch ich war einiges gewöhnt in fremden Häfen.
Ich werde versuchen diesen nicht gewöhnlichen Vorgang zu schildern. Also, nach dem Festmachen unseres Schiffes kam ein, meiner Meinung nach, sehr hoher Offizier an Bord. Ich beurteilte ihn nach seinen Schulterstücken, die er auf der Uniform trug. Es war immer der Gleiche und er kam auch immer in Begleitung eines Soldaten. Er wusste durch unseren Makler, dass wir über einen

bestimmten Zeitraum regelmäßig in den Hafen einlaufen würden und er stellte die Weichen von Beginn an, wie der Ablauf sein würde. Der Offizier nahm in meiner Kammer Platz. Er zog ein Blatt Papier aus seiner Uniformjacke hervor und überreichte es mir. Es war eine Bestellung von Essbarem und allen anderen Dingen. Ich holte den Verwalter und übergab die Liste. Ich bot etwas zu Trinken an und versuchte ein Gespräch mit diesem Mann. Doch sein Englisch war wohl nicht besonders und über ein „Yes“ oder „No“ kam er nicht hinaus. Wenn es doch zu einer Unterhaltung kam, dann sprachen wir spanisch. Aus der Reserve konnte ich ihn nicht locken, obwohl ich mich sehr bemühte. Doch es passierte nichts. Er schwieg sich meistens aus. Es machte mich immer wieder nervös, wenn ich diese Prozedur erleiden musste. Kam dann der Verwalter und hatte die Dinge zusammengestellt, überprüfte der Soldat alles und hakte die Liste ab. Bei Vollständigkeit der Gegenstände machte er Meldung an seinen Offizier. Nun kam der feierliche Augenblick. Der Offizier erhob sich und sagte feierlich: „Well, Captain, down the yellow flag. The vessel is cleared!” Dieser Ablauf wiederholte sich bei jedem Einlauf hier in den Hafen.
Der Soldat verpackte dann alles mit Unterstützung unserer Matrosen in einen offenen Jeep. Es waren Fisch, Butter, Mehl, Zucker, Salz, Schnaps, Wein und Zigaretten - nie aber Fleisch und Wurstwaren. Europa galt in seinen Augen mit der Schweinepest, dem Rotlauf bei Tieren und den Trichinen als eine gefährliche Giftküche. Da konnte er auf solche Dinge gut verzichten. Die Fischmenge nahm aber bei jedem Einlaufen zu. Gewundert haben wir uns alle, wenn nach zwei bis drei Stunden der Soldat zurück kam und ein Dankeschöngeschenk brachte. Es bestand aus mehreren Bananen, mal eine Melone, auch mal eine Ananas, was es so gab im Lande, überlegte ich.
Ich dachte, ist doch eine gute Sitte, ein symbolisches Dankeschön, damit kann man leben, wenn es danach keine Schwierigkeiten im Hafen gibt.
Meine Zeit ging auch hier zu Ende. Kapitän Eberhard Ehrich, der Förster aus Wustrow, wie er bei uns hieß, sollte mich am 31. Oktober ablösen und ich wollte mit nach Hause fliegen. Am 29. Oktober erhielt ich von meinem Fangleiter ein Telegramm aus Rostock mit

dem Text: Fliegen Sie nicht nach Hause, fliegen Sie nur nach Havanna, übernehmen Sie in Havanna die Fischereivertretung. Einsatzdauer unbestimmt. Nur so ganz nebenbei, ich war dann im Mai des kommenden Jahres wieder zu Hause. Für mich war klar, Pläne machst du nicht wieder im Voraus."

Der Hafen von Acajutla war nicht angenehm, wir hatten ständig die Leinen unter Kontrolle

El Salvador:
Acajutla, wir waren enttäuscht von dieser Stac

Busse warten auf die Besatzung

Wir waren von der Armut der meisten Menschen erschüttert.

Wir sahen nur wenige Steinhäuser, sonst nur Blechhütten.

Obst und Gemüse wird übernommen

Hier wollte keiner von uns leben.

Pazifik-FVS in der Fischerei

„Robert Koch“ auf dem Weg zu unseren Schiffen

Robert Koch“ bei schlechtem Wetter

Wieder in Havanna

„In Havanna hatte sich nichts verändert. Sie freuten sich alle, mich wieder zu sehen. Ich erzählte ihnen in der Handelspolitischen Abteilung meine Storys vom Besatzungsaustausch in El Salvador und von der Panamadurchfahrt.
Eigentlich konnte ich es ruhig angehen lassen. Es hing damit zusammen, dass unsere Fischereiaktivitäten in diesen Regionen mächtig eingeschränkt wurden und der bisherige Schiffseinsatz und damit der Besatzungsaustausch zurück gingen."

Tiefgreifende Veränderungen in der Rostocker Hochseefischerei
Als wir darüber sprachen, konnte ich mich gut an diese Zeit zurück erinnern. Mit den USA schlossen wir 1976 ein Fischereiabkommen. Mit Kanada, Norwegen, Schweden Mocambique schlossen wir 1977 gleiche Abkommen. Nun war die Fischerei nur noch im beschränkten Maße möglich. Die Fischereiabkommen waren bei Kanada und Norwegen auch mit Fischwarenimporte verbunden. Vielleicht erinnern wir uns noch, dass unsere Salzheringe nun aus Kanada und Norwegen kamen.
Die Einsatzkonzeptionen wurden verändert und unsere Anreisen zu noch nutzbaren Fanggebieten wurden bedeutend länger. Auch ganz andere Fischarten und andere Meerestiere wurden in unserem Programm aufgenommen. Und wir mussten uns wohl auch, ob wir wollten oder nicht, mit geringeren Fangerträgen zufrieden geben.
Es begann die Zeit des Fischkaufes um England herum, des Kalmarfanges und der Garnelenfischerei und der verstärkten Schildmakrelenfischerei vor Afrika.
Erfreulich war, dass wir in der Rostocker Hochseefischerei 1976/1977, nach einer langen Durstzeit, neue Schiffszuführungen hatten. Wir erhielten die ersten Supertrawler.
Durch unsere Regierung wurde im August 1978 auf die entstandene Situation reagiert. Wesentliche Beschlüsse für die Entwicklung in der Fischwirtschaft und damit für die Hochseefischerei wurden getroffen. Es handelte sich um die generelle Festlegung, dass die Hochseefischerei mit einer leistungsfähigen Flotte fortgesetzt wird.

Dabei war die Nutzung der eigenen Ressourcen in der Ostsee eine der Schwerpunktaufgaben der Saßnitzer Fischer. Das bedeutete für uns, dass wir Verarbeitungskapazitäten zur Verfügung stellen mussten.
Wir erhielten in Rostock die Aufgabe, die freien Gebiete außerhalb der 200 Seemeilenzonen weiter zu erschließen und zu nutzen. Ebenfalls sollten unsere Fangaktivitäten durch bilaterale Abkommen mit den Küstenstaaten und die Fortführung der Fischerei aus den Quoten dieser Länder, so gut wie möglich gesichert werden. Zur Nutzung unsere vorhandenen Fangkapazitäten erhielten wir den Auftrag neue Geschäftsverbindungen aufzubauen, um sie für die Fischerei zu nutzen.
Die weitere Zuführung von Supertrawlern wurde festgelegt und gleichfalls wurde beschlossen, der Rostocker Hochseefischerei 7 neue Gefriertrawler von der Volkswerft Stralsund zu übergeben. Auch ein weiteres Kühl- und Transportschiff sollte in der Hochseefischerei eingesetzt werden.
All diese Entscheidungen zeigten uns damals und ich sprach mit vielen Kapitänen, Offizieren und Besatzungen darüber, dass wir weiterhin, auch unter den neuen Bedingungen, Hochseefischerei betreiben. Man ließ uns als Hochseefischer nicht einfach sitzen und allein mit den Bedingungen fertig werden. Es war uns klar, dass wir Umdenken, auch in Zukunft Einschränkungen hinnehmen müssen, aber unsere Tätigkeit blieb gesichert.
„Unsere Fischereiaktivitäten waren 1977 und 1978 nicht mehr in der Größenordnung, dass man eine Fischereivertretung in Havanna benötigte“, erzählte Horst Seffner. „Sie wurde 1978 vom Fangleiter, Kapitän Peter Draht, im Auftrage des Betriebes aufgelöst. Für mich begann, wie schon so oft, eine neue Zeit.“

Fischereistützpunkt Havanna wird geschlossen

„Denke ich heute darüber nach, dann haben sie an Land immer gedacht, der ist unverheiratet, mit dem haben wir es einfacher und er kann, wenn es um unverhoffte Einsätze geht, auch was wegstecken. Oft haben sie deshalb an Land, in der Fangdirektion auch wenig Rücksicht auf mich genommen. Das war natürlich vollkommen falsch gedacht. Wie sollte ich unter diesen Bedingungen wieder zu

einer neuen Verbindung kommen und wenn sich eine angebahnt hatte, wie sollte ich sie pflegen. Eigentlich sollte man auf Unverheiratete viel mehr Rücksicht nehmen. Diese Gedanken wollte ich dir schon immer mal verraten, ich hatte es mir immer vorgenommen, bin aber durch welche Umstände auch immer, nicht dazu gekommen.
Meine Arbeit von 1973 bis 1978 in Kuba als Fischereivertreter der Rostocker Hochseefischerei, natürlich mit einer Reihe von Unterbrechungen, hat mir immer viel Spaß bereitet und es war eine Zeit, in der ich als Kapitän sehr viel lernte. Vor allem lernte ich andere Menschen mit anderen Lebensweisen und einer anderen Mentalität kennen und ich akzeptierte sie. Viele dieser Menschen behandelten mich, wie einen vor ihnen. Brachten mir Sympathie und Achtung entgegen und halfen immer, wenn sie dazu in der Lage waren. Manchmal dachte ich und fühlte es, dass ich in dieser großen kubanischen Familie aufgenommen war, mich wie zu Hause fühlen konnte. Das waren für mich Momente, die ich nie vergessen werde. Das Leben in Kuba hat mich sicherlich auch geformt und mir, bei meiner neuen Tätigkeit in Mosambik, viel geholfen."

Mosambik - Fischereivertretung und Garnelenfischerei

„Doch noch war es nicht soweit. Ich dachte überhaupt noch nicht an Mosambik. Überraschungen gab es genug in meinem Leben. Eine davon war, dass ich Fischereivertreter in Jemen werden sollte, doch dieser Einsatz kam nicht zustande“, erzählte Horst-Dieter Seffner.

Forschungstätigkeit

An das Jahr 1977, wohl das komplizierteste Jahr in der Hochseefischerei, erinnere ich mich noch sehr genau. 1977 arbeitete ich als Fangdirektor in der VVB Hochseefischerei und übernahm 1978 das Fischkombinat Rostock, den späteren VEB Fischfang Rostock als Direktor. Gleichzeitig war ich in dieser Zeit für die Anleitung der Fangbetriebe der DDR verantwortlich.

Es war keine angenehme Arbeit in dieser Umbruchzeit. Wir versuchten es fast überall mit Forschungsaktivitäten, wo Fische und andere Meerestiere im Wasser schwammen. So rückten unter vielen anderen Fischereigebieten die Küstengebiete von Jemen und Somalia in unser Blickfeld. Doch eigentlich hatten wir in der Fangdirektion vorliegen, dass der Indische Ozean, wo auch immer, nichts für unsere Fischerei war. Aber wir standen unter Druck und hatten ein Angebot von Jemen vorliegen. Ende September 1977 lief das FVS „ Rudolf Leonhard“ unter Führung von Kapitän Wolfgang Wenzel zu einer Forschungs- und Produktionsreise in die Küstengewässer von Jemen aus. Sie durchfuhren als erstes Schiff unserer Flotte den Suezkanal.

Der kurzfristig geschlossene Fischereivertrag erlaubte uns sogar eine Fischerei in der 3 Seemeilenzone vor ihrer Küste und Beschränkungen für unsere Fanggeschirre gab es nicht.

Nur in einem Seegebiet erreichten wir in einer bestimmten Zeit gute Fangergebnisse. Sie machten Hols bis zu 500 Korb, so die Information von Kapitän Wenzel damals. Es war überwiegend Makrelenbarsch. Er ähnelte der Schildmakrele. Doch diese Hols erreichte, mit wenigen Ausnahmen, das Schiff nicht wieder. Auch in allen anderen Seegebieten waren die Fangergebnisse nicht nach

unseren Vorstellungen für einen größeren Flotteneinsatz. Bedenklich stimmte uns gleichfalls, dass ein Einsatz unserer Flotte, egal mit welchen Fangkapazitäten, die Rohstoffbasis in diesem Küstengebiet stark dezimiert hätte. Damit hätte es Probleme bei den dortigen Küstenfischern gegeben. Daran hatten wir nun überhaupt kein Interesse.
Auch die auftretenden Unruhen im Land, waren nicht nach unserem Geschmack. Sicherheit für unsere Hochseefischer musste schon gegeben sein. Den Einsatz einer Fangflotte in diesem Gebiet hakten wir deshalb ab.
Wir verhandelten damals auch mit der Regierung Somalias über Fischereirechte. Ich nahm selbst mit einer Delegation an einer Verhandlung teil. Sie zeigten jedoch wenig Interesse an dem Einsatz einer fremden Flotte in ihrem Küstengebiet. Damals ließen sie uns einfach schmoren und verschoben die Verhandlungen von einem Tag auf den anderen. Wir warteten und sonnten uns am Strand. Trotzdem war es dort für uns nicht angenehm. Obwohl wir im besten Hotel wohnten, hatten wir Ratten in unseren Zimmern. Die Badtür durfte nicht geöffnet werden, sonst spazierten sie im Zimmer umher. Wir stellten unsere Bemühungen um Fangrechte, natürlich mit den Jemenergebnissen im Hinterkopf, ein.
Kapitän Horst Seffner wollten wir damals für einen weiteren Auslandseinsatz vorbereiten. Er besuchte einen Intensivkurs in Englisch, um sein Schulenglisch und das Gelernte von der Seefahrtsschule aufzubessern.

Erste Schritte in der Garnelenfischerei

„Mit den Überraschungen in meinem Leben, war es eigenartig, aber immer wieder interessant“, wiederholte Horst Seffner. „Nun ergab sich sofort eine neue Aufgabe für mich, die für uns alle von größter Wichtigkeit war. Wir wollten in die Fischerei vor der Küste Mosambiks einsteigen und suchten für die Frosttrawler, eventuell auch für andere Schiffstypen nach Einsatzmöglichkeiten. Natürlich wollten wir das vermutlich sehr breite Sortiment an Fischarten nutzen, um durch den Verkauf Devisen zu erwirtschaften. Hauptsächlich aber dachten wir an den möglichen Fang von

Garnelen. Für mich eine ganz andere Herausforderung als ich es von Kuba her gewohnt war. Hier musste, wenn es zur Fischerei kommen würde, eine Einrichtung, so was wie ein Stützpunkt für DDR Fischereischiffe aufgebaut werden.
Zur Unterstützung der Besatzungen, die hier arbeiten würden, sollte ich mit einem Kollegen aus Saßnitz eine Fischereivertretung in Maputo, der Hauptstadt von Mosambik, einrichten und betreiben.
Ich stürzte mich sofort in die Arbeit und las Bücher über dieses Land und wälzte Informationsmaterial zur dortigen Fischerei und vor allen Dingen über das dortige Leben der Menschen. Ich hatte meine Unwissenheit in Kuba in der Anfangszeit nicht vergessen.
Mit meinem vorgesehenen Kollegen aus Saßnitz konnte ich keinen Kontakt aufnehmen und mich austauschen. Er war bereits mit einer Delegation dort gewesen. Anscheinend hatte dieser Kollege auch großes Interesse an den künstlerischen Erzeugnissen dieser armen Leute. Er kaufte Holzmasken, nicht nur für die eigene Wohnung. Er bot sie in der „Wochenpost" zum Verkauf an. Damit war sein Einsatz abgeschlossen und vorbei. Mit Recht zweifelte man in der Saßnitzer Leitung, ob er die zu erfüllenden Aufgaben auch in den Vordergrund stellen würde. Man hat schon seine Not mit den menschlichen Schwächen.
Bereits am 13. Dezember 1976 hatte unsere Regierung mit Mosambik ein Abkommen über die Zusammenarbeit im Fischereiwesen abgeschlossen. Das war ein Jahr nach der Unabhängigkeit dieses Landes von den Portugiesen. Eine Grundlage für meine Arbeit war damit vorhanden. Ich dachte, das ist erst mal eine gute Voraussetzung für eine Zusammenarbeit mit den dortigen Behörden. Bei meinen Studien über die dortigen Fischressourcen stellte ich immer wieder fest, dass die Mosambikaner, wenig über die Fischerei vor ihrer Küste wussten. Sicherlich kannten sie alles, was sich unmittelbar an der Küste, sozusagen an ihrem Strand abspielte. Doch weiter draußen in der freien See, waren ihre Kenntnisse zur Fischerei vermutlich unzureichend. Alles, was es dazu gab, hatten die Portugiesen mitgenommen.
Ich las in Unterlagen, dass der Hunger im Lande die Regierung veranlasste, alle Möglichkeiten seiner Bekämpfung zu nutzen.

Das würde nicht einfach für dieses junge, befreite Land werden. Sie dachten, bei einer Küste von etwa 3000 Kilometern, wäre der Fischfang ein Mittel, um ihre Bevölkerung wenigstens mit Fisch zu versorgen.
Zu dieser Regierungsdelegation, die damals über viele Dinge mit der Regierung von Mosambik verhandelte, gehörtest auch du (Autor) damals“, erinnerte sich Kapitän Seffner.

Autor als Delegationsleiter in Mosambik

Ja, ich erinnerte mich ganz gut an diese Reise nach Mosambik.
Damals war ich Fangdirektor in der VVB Hochseefischerei und wir sollten der Regierungsdelegation in fachlichen Fragen zur Seite stehen. Doch wir hatten eigentlich nichts zu tun und sonnten uns in unserem Hotel am Pool. Gerne hätten wir uns im Hafen umgesehen oder mit Fischersleuten gesprochen, aber wir durften das Hotel nicht verlassen, mussten immer auf dem Sprung sein für eventuelle Zuarbeiten. Aber die Genossen der Regierungsdelegation benötigten unser Wissen nicht. Nur der Abteilungsleiter Fisch aus unserem Ministerium, Ulli Bartel, hielt mit uns den Kontakt, tauschte sich mit uns über Fischereifragen des Landes aus und war abends mit uns zusammen.
Die Staatssekretäre ließen uns links liegen, da waren wir wohl eine Nummer zu klein. Ich verstand diese Haltung damals überhaupt nicht, deshalb ist mir diese Reise auch so gut in Erinnerung geblieben. Wir rächten uns damals damit, dass wir unsere wenigen Devisen sparten und uns täglich auf Rechnung von Ulli Bartel versorgten. Er gab uns seinen Raumschlüssel und darauf ließen wir dann unser Essen schreiben. Als wir es ihm am Ende der Reise erzählten, war er wohl etwas erbost, doch er konnte nichts an unserer etwas miesen Verfahrensweise ändern. Bezahlt wurde unsere Fresserei von den Mosambikanern, was wir aber vorher nicht wussten.
Noch im Jahre 1977 musste ich als Leiter einer Delegation; dazu gehörten Kapitän Egon Müller, Dr. Rainer Weiß und ich glaube auch Dr. Peter Ernst nach Mosambik, um nach praktischen Wegen zu forschen, wie die Zusammenarbeit aussehen konnte. In dem Protokoll, das wir mit dem dortigen Staatssekretariat für Fischerei

abschlossen, war der Einsatz eines Fischereivertreters festgelegt, der Besatzungsaustausches konnte erfolgen und Arbeitsschritte zur Umsetzung des Besatzungsaustausches durch die Fluggesellschaft „Interflug" hatten wir aufgenommen. Natürlich wurden Abmachungen zum Einsatzes der ersten Schiffe in diesem Gebiet beraten und festgelegt. Die Wünsche der Mosambikaner waren unermesslich. Im Laufe der Jahre unserer Zusammenarbeit haben wir vieles wahr gemacht und konnten in vielfältiger Art und Weise helfen. An meinem Protokoll, welches ich damals unterschrieb, wurde viel herum gemäkelt und kritisiert. In der VVB Hochseefischerei hielten sie mir vor, wie ich dazu käme über Interflug zu bestimmen; und Festlegungen aufzunehmen, mit denen wir überhaupt nichts zu tun hätten. Das bezöge sich auch auf den Schiffseinsatz. Ich ärgerte mich damals, konnte aber später feststellen, dass es so ablief, wie es unsere Delegation festgelegt hatte. Danach gingen wir zur praktischen Zusammenarbeit über.

Frosttrawler im Einsatz

Fast zeitgleich mit dem Einsatz des FVS „Rudolf Leonhard" in den Gewässern vor Jemen, nahm hier in Mosambik der Saßnitzer Frosttrawler „Kattegat" im September 1977 die Fischerei auf. Doch die Fangergebnisse auf dem Schelf und am Schelfabhang waren nicht ermutigend. Kapitän Rutkowski und Kapitän Franz Plaep versuchten es an vielen Plätzen immer wieder. Die Fischereibiologen unter Leitung von Dr. Peter Ernst und die Besatzung kamen zu der Schlussfolgerung, dass nur die Tiefseegarnele vermutlich erfolgreich befischt werden könnte. Voraussetzung war aber eine entsprechende, spezifische Fangausrüstung und eine gut durchdachte Fang- und Verarbeitungstechnologie. Wir wollten die Garnelen ja auf dem Weltmarkt verkaufen, Valuta erwirtschaften und dafür geeigneten Fisch für unsere Menschen kaufen.

Man überlegte hin und her, sprach mit Biologen und dortigen Fischern und natürlich auch mit den dortigen Verantwortlichen für die Fischerei. Von Dr. Ernst kam dann die Einschätzung von Fängen um 1,5 Tonnen pro Fangtag und Schiff für unsere Planung auf den Tisch. Diese Mengen Tiefseegarnelen pro Tag und Schiff, in einem marktfähigen Produkt hätten unseren Einsatz einigermaßen ökonomisch abgesichert. Hätten wir die Einschätzung anders vorgenommen, wäre der Mosambikeinsatz geplatzt. Wir hatten ja keinerlei Erfahrungen und konnten nur abwägen, ob dieser Fang möglich wäre und wir vertrauten auf unser Können. Versucht wurde natürlich auch Fisch zu fangen. Doch mit den Ergebnissen und dem Sortiment konnte niemand leben und zurecht kommen. Sollte der Fang von Tiefseegarnelen nichts bringen, dann konnten die Fischer die Heimreise antreten.

Inzwischen war im Frühjahr 1978 in der DDR im Warnow Hotel ein Vertrag mit den Mosambikaner zur Lizenzfischerei auf Tiefseegarnelen unterschrieben worden. Teilnehmer dieser Beratung waren von den Rostockern, der Fangdirektor Egon Müller, Dr. Rainer Weiß als Dolmetscher, der Biologe Dr.Ernst und Kapitän Horst Seffner als zukünftiger Fischereivertreter. Ob noch andere Vertreter aus unserem Land dabei waren, kann ich nicht mehr sagen. Vom Staatssekretariat für Fischerei von Mosambik waren es Herr Nacimento und Dr. Basulto, die den Lizenzvertrag aushandelten.

Nun musste die Arbeit vorangetrieben werden und die Frosttrawlerbesatzungen mussten vor Ort Unterstützung erhalten. Im September 1978 kam erneut ein Frosttrawler, die „Malangen" unter Führung von Kapitän Günter Ullrich, zum Einsatz. Die „Kattegat" war nach der ersten Forschungsreise nach Hause gelaufen. Der Frosttrawler „Malangen" begann mit der Fischerei auf der abfallenden Schelfkante in Tiefenbereichen von 400 bis 600 Metern.

Es war eine Katastrophe, sie fingen nur einzelne Kilos, von Tonnen keine Rede. Mit den langen Leinen für diese Tiefen und der starken Strömung konnte durch den leistungsschwachen Frosttrawler keine erfolgreiche Fischerei betrieben werden.

Schlechte Fangergebnisse - neue Arbeitsschritte

Am 28.11.1978 schickten wir nun endlich Kapitän Horst Seffner und Kapitän Gerhard Suhr aus Saßnitz nach Mabuto zum Aufbau der Fischereivertretung.

Horst Seffner musste nun wieder Aufbauarbeit leisten. Er hatte es nicht leicht. Ich durchblätterte meine Arbeitsbücher und fand viele

aputo kurz vor der Landung in Mosambik

Airport Maputo

rport Maputo

ser Fangobjekt - die Garnele

Fischereivertreter Kpt.H.D.Seffner

Catolic Catredal of Nossa Sehora da Conceicao

Blick auf die Stadt und den Hafen

Garnelentrawler

Frosttrawler „Kattegat" Kapitän Franz Plaep

Fischereikarte

Frosttrawler „Malangen"
Kapitän Günter Ulrich

Eintragungen zum Ablauf unserer Tätigkeit in Mosambik.
Ich denke, einige Ereignisse sollte ich hier aufschreiben, weil sie die nachfolgenden Aussagen und Erzählungen von Kapitän Seffner, aber auch die politische Bedeutung des Fischereieinsatzes in Mosambik verdeutlichen.
Der Frosttrawler „Kattegat“ mit Kapitän Franz Plaep war im Dezember 1978 zurück gekommen und hatte als zweites Schiff, neben der „Malangen“, die Fischerei inzwischen wieder aufgenommen. Die Ergebnisse blieben miserabel. Die Mosambikaner hatten unsere Fangaktivitäten genau verfolgt und es bahnte sich durch die negativen Fischereiergebnisse eine politische Katastrophe an. Wollen die DDR - Leute keinen Fisch fangen; oder können sie es nicht, dachten dort die verantwortlichen Leute. Die Mosambikaner waren fest davon überzeugt, dass sie an ihrer Küste gute Fischereimöglichkeiten hätten und mit modernen Schiffen auch gute, ansprechende Ergebnisse erzielt werden sollten. Doch unsere Frosttrawler waren nun mal keine modernen Schiffe. Ihre Schleppkraft reichte hier auf dem tiefen Wasser und bei den vorherrschenden Strömungsverhältnissen nicht aus. Mit dem Einsatz der Frosttrawler hatten wir keine gute Entscheidung getroffen. Da nutzten auch die großen Erfahrungen der Saßnitzer Fischer mit Kapitän Plaep wenig. Hier bei den Mosambikanern zu schlichten und sie zu beruhigen waren wohl die ersten Arbeiten, die unsere Fischereivertretung leisten musste. Wir reagierten von Rostock aus und schickten im März 1979 das Forschungsschiff „Ernst Haeckel“ mit Kapitän Stassewski und im Mai 1979 den Zubringertrawler „Philipp Müller“, unter Leitung von Kapitän Ulrich Weber nach Mosambik. Dr. Peter Ernst gehörte damals meiner Delegation an und leitete nun die Forschungsaufgaben auf der „Ernst Haeckel“. Es wurde eine intensive Forschungsarbeit geleistet, die uns und den Mosambikaner wertvolle Aussagen über die Ressourcen in ihrem Gewässer lieferte. An diesen Forschungsarbeiten war neben Dr. Peter Ernst ebenso Dr. Gerrit Krüger beteiligt. Mit dem Einsatz unseres Zubringertrawlers wurden zum ersten Mal bessere Fänge auf Tiefseegarnelen erreicht. Mit dem Kapitän Ulli Weber hatten wir wohl auch einen besonnen Mann eingesetzt. Er probierte alles was möglich war.

Änderte den Fangablauf. Fischte in den unterschiedlichsten Tiefen, beobachtete die Fangabhängigkeit von den Wetterveränderungen und war in seiner Eigeninitiative kam zu bremsen. Der Mann war richtig gut und er ließ für uns die Sonne wieder scheinen. Der Fang wurde an die Frosttrawler übergeben und dort verarbeitet. Die Übergabe erfolgte in den blauen Heringsfässern. Sie wurden zu Wasser gelassen, mit einer Korkleine und Schwimmblasen versehen. Der Frosttrawler holte sie dann aus dem Wasser. Es waren keine 1,5 t Garnelen, aber mehrere 100 kg pro Tag. Ein marktfähiges Produkt wurde nicht produziert. Die über 20 kg schweren Karton konnte man nicht verkaufen.

Doch noch hatte sich der Druck, der von der Regierung ausgeübt wurde, nicht entschärft. Dieser Druck landete von unserem Ministerium aber auch über das Außenministerium wieder bei uns in der Fischwirtschaft. Der Generaldirektor setzte einen Sonderbeauftragten ein, einen Direktor Afrika. Das gab immer wieder Ärger mit uns im Betrieb, da wir unsere Verantwortung nicht abgaben und uns noch mehr um die Fischerei in Mosambik bemühten. Auf einmal waren auch für diese Aufgabe mehr Devisen vorhanden und ein größerer Aufwand war auch nicht mehr das Problem.

Garnelenfang und marktfähige Produkte

So kam es dazu, dass wir 1979 ein Fang- und Verarbeitungsschiff, die „F.C. Weisskopf" mit Kapitän Eckard Becker und dem Produktionsleiter Joachim Barthel, für einen bestimmten Zeitraum in diesem Gebiet einsetzten. Als unser Fang –und Verarbeitungsschiff „F. C. Weisskopf" in Mosambik eintraf, bestand die Aufgabe, die Bearbeitung der Garnele zu untersuchen und ein marktfähiges Produkt zu entwickeln. Die Besatzung unseres Verarbeitungsschiffes und der Spezialist Joachim Barthel leisteten eine gute Arbeit. Ihre Ergebnisse flossen in den Umbau der Zubringertrawler ein. Der Fang musste nach einer strengen Sortierung bearbeitet werden und die Garnelen wurden nun in 2 kg Packungen gefrostet.

Wir schickten Kpt. Ulli Weber nach Kuba, als er mit seiner Besatzung wieder in Rostock war. Er sollte sich deren Garnelenfischerei ansehen. In Auswertung dieser Reise und der Auswertung anderer technischer Unterlagen über die Garnelenfischerei anderer Länder, rüsteten wir dann unsere Schiffe um und nannten sie Garnelentrawler. Unsere Ingenieure hatten sich gut überlegt, was sie mit dem Zubringertrawler technisch machen konnten. Wer unsere Zubringertrawler früher kannte, wunderte sich nun über das Aussehen der Schiffe. Die zwei mächtigen Ausleger ermöglichten nun in Zukunft eine moderne Fangtechnologie anzuwenden. Es wurden die nötigen Bearbeitungsanlagen, eine Gefriermöglichkeit und ein Kühlraum vorgesehen. Die Maschinenleistung dieser Schiffe sahen wir als ausreichend an.

Am 1. Mai 1980 lief die „Herbert Baum" als erster umgebauter Garnelentrawler aus Rostock aus, jedoch ohne die Ausleger. Wir verzichteten erst einmal darauf und wollten schnell erproben, ob unser Umbau für die Produktion erfolgreich war.

Doch es dauerte noch eine geraume Zeit bis der Fang- und Produktionseinsatz mit den Zubringertrawlern vertretbar war.

Mitgeholfen hat auch der Einsatz des Fangtechnikers Werner Lemcke. Seine Untersuchungen führten zur Veränderung der Fangtechnologie und zu verbesserten Netzen für die Garnelenfischerei. Nach kurzer Zeit stiegen die Fänge schon mal über eine Tonne an, als dann dort auch die anderen Garnelentrawler eintrafen und mit der Fischerei begannen.

Für unsere Garnelenprodukte fanden wir einen guten Partner für den Vertrieb. Es half auch auf dem Internationalen Markt, dass wir auf der Leipziger Messe für unser Hauptprodukt, Pink III, eine Goldmedaille erhielten. Auch den Abtransport und die Versorgung unserer Schiffe hatten wir schnell im Griff. DSR-Schiffe, die hier arbeiteten, wurden für die Entsorgung der Schiffe genutzt.

Garnelentrawler - Fischereierfolge

Die Fänge wurden von den Mosambikanern als überdurchschnittlich gut eingeschätzt. Nun waren wir politisch auch wieder auf Erfolgskurs.

Der Saßnitzer Frosttrawler „Kattegat" wurde nach Hause geschickt. Das Schwesterschiff „Malangen" verblieb noch im Fanggebiet und leistete zum größten Teil Hilfsdienste, später wurde es durch die

Frosttrawler „Orkney“ und danach „Lofoten“ ersetzt. Mit den Frosttrawlern waren wir nun erneut um eine Erfahrung reicher. Im Garnelenfang waren sie nicht einsetzbar. Trotzdem konnten wir durch die Arbeit dieser beiden Schiffe die Voraussetzungen schaffen, dass die Anlaufzeit für die Garnelenfischerei der Rostocker Garnelentrawler bedeutend verkürzt werden konnte. Diese gesamte Anlaufzeit hatte viel Zeit und großen Aufwand gekostet. Doch nun schien sie überwunden und es konnte ein geordneter und gezielter, kleiner Flotteneinsatz gestartet werden. Letztendlich hat der Einsatz der 4 Garnelentrawler dazu beigetragen, dass wir mit den erwirtschafteten Devisen einen Großteil des Fischkaufes realisieren konnten und weiterhin Makrelen und Hering für unsere Bevölkerung da waren.
An diesem Erfolg hatte unser Fischereivertreter Horst Seffner keinen unwesentlichen Anteil. Ich hatte in meinem Arbeitsbuch den Namen Seffner dick unterstrichen und mir am Rand Notizen gemacht. Jetzt konnte ich sie kaum noch entziffern, dort stand wohl so etwas wie Mann für Auslandeinsätze / immer einsetzbar /.
Sie sehen schon, nach diesem zusammenfassenden Überblick - unsere Garnelenfischerei vor der Küste von Mosambik - es war nicht einfach und wir hatten große Anlaufschwierigkeiten. Wir haben die Flinte, trotz aller Probleme nicht einfach ins Korn geworfen, sondern die Rückschläge durch neue Aktivitäten überwunden. Unser Kapitän Horst Seffner hat in seinem 10 jährigen Mosambikeinsatz alle Turbulenzen mitgemacht.
Soll er selbst erzählen, wie die Situation Ende 1978 in Maputo war, wie sich danach unsere Fischereiaktivitäten entwickelten und wie wir die vielen Wünsche für den Aufbau des jungen unabhängigen Staates weiter unterstützten. Kapitän Seffner saß mir wieder gegenüber und qualmte mächtig. Wir hatten uns schon mehrere Kräuterschnäpse genehmigt, damit auch das Erzählen etwas leichter ging. Ich dachte, wenn wir manchmal bei unserem Erzählen den Faden verloren und plötzlich ganz woanders umherfischten - du wirst versuchen alles wieder in die Reihe zu bekommen. Horst Seffner versuchte nun, seine Erlebnisse in diesem Land darzustellen, zu erzählen, auch wenn wir beide manche Begebenheit noch diskutieren mussten, wann sie sich zugetragen hatte:

Kpt.Plaep vom Frostrawler "Kattegat"

Dieser Riesenfisch verjagte bestimmt die Garnelen

Ein riesiger Rochen wird zurück ins Meer gesetzt.

Ein Hammerhai verirrte sich im Netz.

Ein Sägefisch wird bestaunt

n seltenes Exemplar

Kpt. Plaep am Brückenfenster

Die große Schildkröte wird ins Meer zurück gesetzt

Ein Essen an Deck oder ist es eine Beratung?

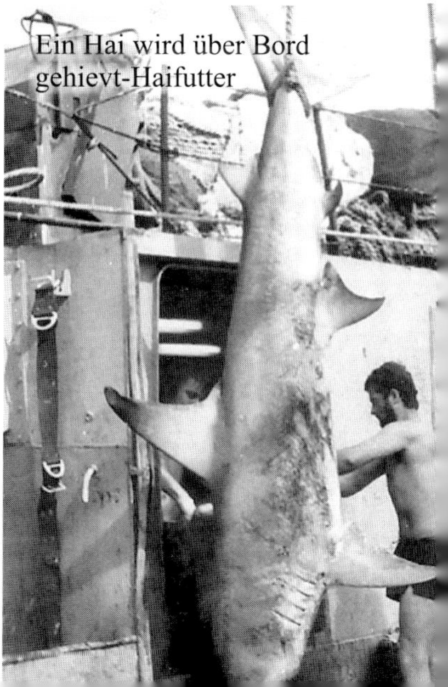

Ein Hai wird über Bord gehievt-Haifutter

Die Probleme werden nicht weniger und der Ärger nimmt zu. Kapitän Seffner schildert seine Erlebnisse in Maputo

„Unser Flug führte uns über Rom nach Maputo. Gerhard Suhr kam erst mal ohne Frau mit und ich war wie immer Solo. Ich kümmerte mich im Flugzeug, wie ich es mit unseren Besatzungen gewöhnt war, um die Austauschbesatzung der „Malangen" unter Leitung von Kapitän Reiner Lehfold. Es war ihre erste große Flugreise. Ich hatte ja Erfahrung mit Besatzungen, die eigentlich lieber ihre Füße auf einem schwankenden Deck hatten. Für die Saßnitzer war es schon ein Erlebnis, dieser Flug. Bisher bestand für sie keine Notwendigkeit, solche Austausche vorzunehmen. Viele Fragen kamen da auf mich zu, aber ich wusste einiges über dieses Land. Weniger konnte ich zur Fischerei sagen, nur soviel, dass man bisher wenig Erfolg hatte und sie mit ihrem Einsatz eine dankbare Aufgabe übernehmen. Ihr Interesse war groß und ich glaube schon, dass sie sich bezüglich der Fischerei schon etwas vorgenommen hatten. Die Fangdirektion in Saßnitz unter Leitung von Erwin Popall und ihr Kapitän hatten die Besatzung wohl ganz gut eingestimmt. Wir wurden von Mitarbeitern der Handelpolitischen Abteilung empfangen. Die Einklarierung auf dem Flugplatz verlief mit dem üblichen Brimborium, mit dem Ausfüllen vieler Formulare, die letztendlich wohl alle weggeworfen wurden, nachdem man sie kräftig mit dem Stempel bearbeitete. Der Bus brachte die Besatzung in den Hafen zur „Malangen". Gerhard Suhr und ich wurden in das Hotel Polana gebracht. Vorübergehend mussten wir hier wohnen. Wir sollten in kurzer Zeit unser Büro und unsere Wohnungen in einem von der Botschaft gemietetem Hochhaus erhalten. Das Haus war noch nicht fertiggestellt. Ich dachte, erst mal abwarten und Boden unter den Füssen gewinnen in diesem noch fremden Land. Wir hatten genug gesehen, unsere Koffer und Sachen abgestellt und der Mitarbeiter der Botschaft fuhr uns zum Hafen, damit wir den Besatzungsaustausch unterstützen konnten. Groß eingreifen war wegen unserer Unkenntnis der geplanten Abläufe sowieso nicht möglich. Die Botschaft hatte alles einigermaßen

vorbereitet und die alte Besatzung mit dem Abflug vertraut gemacht. Die Behördenwege hatte aber unsere Maklerfirma „Anfrena“ erledigt und der von ihnen eingesetzte Mann machte es gut. So hatte ich wenigsten den Eindruck. Bedrückend war für mich der Eindruck, den die ausreisende Besatzung und ihr Kapitän auf mich machte. Ich kannte Kapitän Günther Ullrich von früher als willensstarken, heiteren Kollegen. Jetzt hatte ihn die Fischerei zermürbt und er stand vor uns, wie ein Häufchen Unglück. Anders kann ich es nicht in eine Form bringen, denn alles was er zur Fischerei gegenüber seinem Kollegen Lehfold äußerte, war purer Pessimismus. Ich erinnerte mich an meine Ankunft auf unserem Hilfsschiff „Robert Koch“ damals in Havanna, als der Maschinist das Schiff stilllegen wollte. Hier sah die Welt noch schlimmer aus. Hier musste was geschehen, die Hochseefischer brauchten Hilfe. Reiner Lehfold krempelte die Ärmel hoch und brachte schon jetzt bei der Schiffsübernahme frischen Wind mit. Ich machte ihm Mut und versprach Unterstützung.
Am nächsten Tag, am 1. Dezember 1978 nahmen wir hier unsere Arbeit auf. Ich machte mich fertig für den Besuch in der Botschaft. Ohne Krawatte ging es dabei wohl nicht bei unserem ersten Besuch. Also, wurde der Würger umgeschlungen. Diese Sitten waren für mich ein Gräuel. Doch ich wollte nicht auffallen beim Botschafter und den anderen Leuten hier aus der DDR. Der Schweiß lief in Strömen, doch es musste sein. Wir überstanden die ersten Gespräche in angenehmer Atmosphäre. Ich berichtete über meine Tätigkeit in Kuba und die Zusammenarbeit mit der dortigen Botschaft. Hier wird die Arbeit bestimmt komplizierter als bei Fidel Castro, meinte der Botschafter. Über die Abläufe hier in der Botschaft oder der Handelspolitischen Abteilung, der wir erst mal zugeordnet wurden, informierte uns der Handelsrat. Später kamen wir zur Wirtschaftspolitischen Abteilung der Botschaft. Es war komplizierter als ich dachte. Mit unserem Schiff, die „Malangen“, hatten wir keine Funkverbindung. Alles was sie uns mitteilten lief den langen Weg über zu Hause und kam dann über den Botschaftsfunk auf unseren Tisch. Wenn sich dann bei einem Schaden das Schiff im Hafen anmeldete, hatten wir keinerlei Informationen, weil die Wege zu lang waren. Wir müssen etwas unternehmen, diesen langen Weg ändern, ohne mit den Behörden in

Konflikt zu kommen. Es gelang uns, die Funkstation des Staatssekretariats mit zu nutzen. Doch mit dem alten Kasten konnte man fast keine Verbindung aufbauen, aber es war schon ein Fortschritt zu früher. Mit Kapitän Lehfold, von der „Malangen“, gab es immer wieder Dispute über Reparaturen und den Hafeneinläufen. Hier im Hafen war niemand, der an der Maschine oder an anderen Aggregaten was reparieren konnte. Wir wurden uns aber schnell einig und die Besatzung musste sich umstellen. Auch ich musste mich mit der Saßnitzer Mentalität erst mal vertraut machen. Mit unseren Schiffen, unseren Besatzungen war ich etwas anderes gewöhnt. Wir sagten in unserer Flotte immer, es gibt nichts, was wir nicht reparieren und wir machen es meistens selbst. Darauf musste sich die Besatzung von Kapitän Lehfold erst einstellen. Als wir uns dann später darüber unterhielten, mussten wir Lachen.
In seiner lustigen Art meinte Reiner, auch wir lernen schnell. Doch die Fischerei machte auch diesen immer lustigen Kapitän langsam mürbe. Es lief immer noch nichts. Auch fangtechnische Veränderungen haben nichts gebracht, wir wussten kaum noch Rat. Ich informierte die Leitung in Saßnitz über die Situation.
Zwei Wochen waren seit unserer Arbeitsaufnahme vergangen. Ich war im Staatssekretariat für Fischerei gewesen, aber den richtigen Draht zu den Leuten hatte ich noch nicht gefunden. Die meisten von ihnen waren Portugiesen, die im Lande geblieben waren. So einfach wie mit Kubanern konnte man hier keine Kontakte knüpfen. Auch zu Biologen oder anderen Wissenschaftlern hatte ich im Moment noch keine Verbindung aufbauen können. Es brauchte wohl seine Zeit. Die Mitarbeiter der Botschaft meinten, es wird schon werden, nur nicht ungeduldig sein. Sie werden auch von sich aus zu dir kommen, denn ihre Wunschpalette an uns ist nie abgeschlossen. Doch noch war es nicht soweit und ich dachte anfangs, irgendwas machst du verkehrt, um Kontakte, die wir so bitter notwendig hatten, aufzubauen.

Meine wenigen Kenntnisse zur Thunfischerei wurden mir zum Verhängnis

Die Nachricht von der Ankunft einer Delegation unseres Ministeriums Mitte Dezember 1978 überraschte mich und meinen Kollegen.
Welche Aufgaben dabei auf mich zu kommen würden, konnte ich nicht erfahren. Ich war wohl etwas nervös und befasste mich noch einmal gründlich mit dem Stand, der uns übertragenden Aufgaben und den Arbeiten, die das Tagesgeschehen von uns forderte.
Die Delegation unter Leitung des Abteilungsleiters Fisch im MBL (Ministerium für Bezirksgeleitete Industrie und Lebensmittelindustrie) hatte den Auftrag von höchster Stelle, so klang es in meinen Ohren, einen Thunfischvertrag abzuschließen. Ich fiel aus allen Wolken und wischte mir den Schweiß von der Stirn.
Nun wollte Genosse Bartel von mir wissen, wie hier die Thunfischerei betrieben wird und welche Ergebnisse es gibt. Bekannt war, dass es hier vor der Küste Thunfische gab und vor allem im Indischen Ozean der Thunfischfang betrieben wurde. Doch über die Möglichkeiten, hier vor der Küste Thunfische zu fangen und mit welchen Methoden war mir nicht bekannt. Ich konnte auch hier niemanden fragen. In Rostock anfragen war mir zu doof. Wir alle hatten uns vordringlich mit der Garnelenfischerei beschäftigt und waren mit dem Einstieg in diese Fischerei noch lange nicht über den Berg. Mit dem Thunfischfang hatten wir uns auch in Rostock nicht befasst, weil wir einfach nicht die Voraussetzungen mit unseren Schiffen dafür hatten.
Da sah der Seffner nun aber alt aus. Ich konnte die Fragen des Delegationsleiters nicht beantworten, musste hinnehmen, dass er mich als Fischereivertreter für unfähig einstufte. Meinen Standpunkt, dass weder die Rostocker Hochseefischerei noch die Saßnitzer Fischer in der Lage sind, den Thunfischfang zu betreiben, wurde nicht akzeptiert. Ich unterstrich meinen Standpunkt noch einmal und sagte ihm, wir betreiben in Rostock keinen Thunfischfang, haben nicht die Voraussetzungen für diese Fangmethode und natürlich keinerlei Erfahrungen.

Außerdem kann man diese Fangmethoden nicht von heute auf morgen beherrschen. Da sollte man lieber mit den Japanern reden.
Trotzdem wurde ein Thunfischvertrag unterschrieben. Ich muss sagen, die Mosambikaner waren erstaunt über diese Kühnheit, mit der dies erfolgte. Ich erfuhr es später von ihnen. Sie dachten wohl, falls es nichts aus der Thunfischerei werden sollte, haben wir ein kleines Druckmittel, um andere Dinge durchzusetzen.
In dem Vertrag stand, dass japanische Charterschiffe eingesetzt werden. Ob die Delegation nun stolz auf diesen Vertrag war, wage ich nicht zu behaupten. Sie war aber überzeugt, dass der Fischereivertreter unfähig war, hier die Fischerei der DDR zu vertreten. So schnell kann man ins Abseits geraten, dachte ich damals und warnte die Fangdirektion zu Hause über meine Situation mit einem Telex.
Ich machte mir sehr viel Sorgen, was nun dort von Berlin nach Rostock zur VVB und damit an den Generaldirektor über den Fischereivertreter berichtet würde.
Eigentlich war ich mir keiner Schuld bewusst. Ich war ehrlich geblieben und hatte den Genossen Bartel auch darauf aufmerksam gemacht, dass ich gerade 14 Tage im Lande wäre. Doch es half nichts, sich in irgendwelchen Spekulationen zu verfangen.
Meine Arbeit war bisher immer gelobt worden und mit mir hatte es keinerlei Komplikationen gegeben. Ich dachte, manchmal kommt es anders als man denkt.
Die nächste Zeit verbrachte ich damit Kontakte zu knüpfen und bei den hiesigen Behörden bekannt zu werden. Doch die Mosambikaner waren keine Kubaner. Sie waren zurückhaltend und abwartend. Zu tun hatte ich es im Staatsministerium für Fischereiwesen meistens mit Portugiesen, die hier geblieben waren und die politische Bewegung im Lande unterstützten. Sie hatten nicht allzu viele Unterlagen über die Fischerei. Die Unterlagen hatten die Portugiesen mitgenommen, als sie das Land verließen. Ihre Kenntnisse zur Küstenfischerei sagten mir wenig zur Fischerei, die wir hier betreiben wollten. Eigene Erkenntnisse aus den Fangergebnissen unseres Forschungsschiffes bekam ich ja erst viel später.“

Eigentlich hatten wir in der Fangdirektion ein gutes Verhältnis zur Abteilung für Fischerei im Ministerium. Kapitän Horst Seffner war aufgestanden, lief umher und setzte sich wieder. Ich sah, es wurmte ihn heute noch, was damals passierte. Damals war ich Fangdirektor in der VVB Hochseefischerei und ich muss gestehen, von dieser Reise des Abteilungsleiters Fisch im Ministerium wusste ich nichts. Ich bereitete mich auf meinen Einsatz als Kombinatsdirektor in meinem ehemaligen Betrieb vor. Als dieser Vertrag dann zu uns kam, haben wir ihn natürlich geprüft und die Möglichkeiten des Thunfanges untersucht, aber als nicht durchführbar abgetan.

Wir hatten auch die Information von Horst Seffner vorliegen, der uns damals aus seiner Sicht das Zusammentreffen mit Ulli Bartel geschildert hatte. Ich war damals sehr erstaunt über das Verhalten der Berliner, sonst kannte ich eigentlich Ulli Bartel als einen ziemlich nüchtern denkenden Menschen, mit dem man auch reden konnte. Die eigentlichen Hintergründe dieser Reise und dieses Thunfisch-vertrages waren auch mir schleierhaft. Es musste dort in Berlin wohl mächtig Krach gegeben haben, wohl über den schlechten Fang der Frosttrawler und die Wirkung auf die Fischereileute in Maputo. Auch in der VVB hatte Horst Seffner einen guten Ruf und seine Arbeit wurde immer positiv beurteilt.

Wir warteten erst mal ab, was sich noch entwickeln würde. Ich dachte damals, der Horst ist immer zuverlässig gewesen, er handelte nie unüberlegt, war bestrebt übertragene Aufgaben bedacht zu erfüllen. Wir wussten auch, dass es dabei an Eigeninitiative nie mangelte.

Die Alarmglocken leuten bei Kpt.Seffner

„Es sollte wohl so sein, dass der Beginn meiner Tätigkeit hier in Mosambik unter keinem guten Stern stand, wie man oft sagt, wenn etwas schief geht.

Anfang Januar 1979 traf erneut eine Delegation unseres Ministeriums unter Leitung des Stellvertretenden Ministers, Genossen Nabel, in Mabuto ein. Ich dachte bestimmt nicht unbegründet, der ist vor dem Rostocker Fischereivertreter gewarnt worden. Bei seiner Ankunft

wurde ich durch den Botschafter dem Minister vorgestellt. Er rollte mit den Augen; und ich dachte bei mir, sei vorsichtig und nimm dich zusammen, überlege schnell und exakt, bevor du seine Fragen beantwortest, falls er dich überhaupt fragt. Ich war bei allen Verhandlungen dabei. Zu meiner Schande muss ich gestehen, so richtig konnte ich nicht erfassen, um was es hier ging. Konkrete Dinge wurden nicht angesprochen. Das hatte wohl alles was mit höherer Diplomatie zu tun, da waren wir als Fischer zu blöde. Ich dachte bei mir, dieser hohe Besuch soll bestimmt dazu dienen, politische Probleme zuglätten. Die immer noch negativen Fischereiergebnisse, die lange Anlaufzeit für mögliche Erfolge, gefährdete unsere Zusammenarbeit in der Fischerei doch erheblich. Die Politik machte Druck, man wollte unbedingt hier im Lande Fuß fassen. Der Genosse Minister wollte, während der Verhandlungen, nichts von mir wissen. Er stellte auch keine Fragen, ließ mich sozusagen links liegen.
Eigentlich hätten bei mir die Alarmglocken noch lauter schrillen müssen. Doch ich setzte wohl noch einen drauf, vielleicht auch aus Trotz, als ich bei dem Empfang des Staatssekretärs für Fischerei nicht in Schlips und Kragen erschien, sondern wie auch oftmals in Kuba eine bestickte Guajavera anlegte. Eigentlich sammelte man in afrikanischen Ländern oder auch anderen südlichen Staaten damit nur Pluspunkte. Auch eingeladene Afrikaner und die beiden Chilenen waren so angezogen bei diesem Empfang. Ich dagegen erntete vom Minister einen fürchterlichen Zusammenschiss.
Aus seinen Worten hörte ich heraus, dass es bestimmt das Ende meiner Arbeit in diesem Land war. Ich zermürbte mir den Kopf, doch ich konnte nichts an dieser Situation ändern und ich glaube auch zu Hause waren sie machtlos. Also arbeitete ich noch mehr als sonst, um weiter voran im Aufbau der Fischereivertretung zu kommen.
Doch alles war, wenn ich heute darüber nachdenke, sehr kompliziert. Kontakte aufbauen und draußen die Fangergebnisse verbessern, stand auf unserem Programm. Von meinem Kollegen aus Saßnitz erhielt ich wenig Unterstützung. Eigentlich hatte ich ihn anders eingeschätzt, aber er war mit sich meistens selbst beschäftigt und ich konnte ihn wenig bewegen größere Aufgaben zu erledigen. Er beherrschte auch keinerlei Fremdsprachen und stand somit im

Abseits. Ich dachte damals, er kann doch wenigstens versuchen, sich einige Worte anzunehmen, damit eine Verständigung erfolgen kann. Nichts passierte. Doch ich werde später noch mal auf den Einsatz meines Kollegen zurückkommen.
Eine Verbindung zum Staatssekretariat für Fischerei, hatte ich durch die Zusammenarbeit mit Dr. Basulto, aufgebaut. Endlich hatte ich Glück und fand einen Mann, dem etwas an einer Zusammenarbeit lag. Mit diesem bekannten Mann aus dem Staatssekretariat in Maputo habt ihr damals auch verhandelt. Er war Chilene.
Bei den Verhandlungen zum Lizenzvertrag in Rostock fragte mich damals Dr. Basulto, ob es in Rostock auch Chilenen gäbe? Ich bejahte seine Frage und von anderen Kollegen bekam er dann auch eine Adresse zu einer Gruppe von Chilenen, die hier in Rostock lebten. Ich erinnere mich und glaube, dass für die Chilenen die DDR wohl ein Wunderland war. Er sagte mir damals, bei euch braucht niemand unter Brücken schlafen, alle bekommen eine Schulausbildung, es sind vorschulische Einrichtungen vorhanden und für alle kostenlos nutzbar. Die Bildung an den Hochschulen und Universitäten ist frei für jedermann. Er lobte die Werften und anderen Betriebe und war von dem geschäftlichen Treiben in Rostock beeindruckt. Irgendwie dachte er, ein glückliches Volk.
Ich hatte dadurch einen richtigen Fürsprecher und Gönner im Staatssekretariat. Doch es hatte seine Zeit gedauert, bis sich mir einigermaßen die Türen öffneten."

Staatsbesuch

„Im Februar 1979 war das gesamte Botschaftspersonal in heller Aufregung. Der Präsident von Mosambik, Samora Machel, hatte unseren Staatsratsvorsitzenden Erich Honecker eingeladen.
Für einen großen Empfang am 23.02 1979 hatte auch ich eine Einladung erhalten. Der Botschafter war der Meinung, als Vertreter der Hochseefischerei der DDR, sollte ich dabei sein. Die Hochseefischerei hätte das Ansehen der DDR in vielen Staaten der Welt gestärkt und unsere Tätigkeit auf den Weltmeeren würde von den Küstenstaaten geschätzt. Ich fühlte mich schon geehrt mit dieser Einladung. Und wenn ich ehrlich bin, dann

gab sie mir auch neuen Mut, unsere Aktionen hier weiter zielstrebig voran zutreiben. So waren wir nun mal erzogen und ich sehe auch heute noch nichts Herabwürdigendes an eine solche Meinung. Doch der Alltag hatte uns schnell zurück.
Mit meiner Arbeit konnte ich zufrieden sein. Es ging vorwärts und wir machten Fortschritte auf allen Gebieten.
Bezüglich meiner Situation konnte mir von zu Hause niemand etwas konkretes sagen. Es blieb erst mal ungewiss, was man mit mir vorhatte. Im Stillen hofften auch meine Rostocker Kollegen, es würde im Sande verlaufen.

Hafen Maputo

Dagegen lief im Hafen von Maputo nichts so, wie ich es mir gedacht hatte und es eigentlich notwendig war. Manchmal war ich am verzweifeln. Mein Kollege aus Saßnitz hatte es aufgegeben, sich mit dem Mann, der dort das Sagen hatte, auseinander zu setzen. Meisten erreichte er nichts, weil seine Ungeduld eine vernünftige Zusammenarbeit kaputt machte. Die Geduld konnte man auch verlieren, doch ich nahm mich immer wieder zusammen und versuchte es erneut.
Im Hafen gab es für uns nur wenig geeignete Liegeplätze. Viele Pierabschnitte waren baufällig und konnten nicht genutzt werden.
Andere wiederum waren bei Niedrigwasser zu flach für unsere Schiffe. Es gab zwar einen Fischereihafen, der war jedoch nur für kleinere Fischerboote geeignet. Wenn wir nun wegen Reparaturen doch in den Hafen mussten, ging die Lauferei los und wir mussten regelrecht betteln einen Platz zu erhalten. Dieses Problem war einfach nicht zu lösen. Der Operativchef des Hafens musste immer lange und intensiv bearbeitet werden. Das passte mir gar nicht. Auf mein Merkblatt schrieb ich mit großen Buchstaben –warum- ?
Doch die Lösung dieser Aufgabe musste ich erst mal verschieben.

Zum Rapport beim Botschafter

Mit den Botschaftsleuten hatte ich ein sehr gutes Verhältnis. Wenn sie konnten, halfen sie und unterstützten uns.
Einmal wurde ich von der Botschaft benachrichtigt, dass ein Telex

angekommen wäre. Auf Grund dieses Schreibens möchte mich der Botschafter sofort sprechen. Irgendwas musste passiert sein. Ich dachte, er hat dein Flugticket für die Heimreise und will es übergeben. Beim Botschafter wurde ich sofort vorgelassen, was sonst nicht üblich war. Nun wusste ich, es ist noch schlimmer, als ich es mir ausmalen konnte. Der Botschafter begrüßte mich schon verärgert, bot mir aber Platz an. Sofort hielt er mir einen Vortrag über Südafrika; und die Apartheid und das Namibia ja unter der Verwaltung von Südafrika stehe. Ungehalten meinte er, wir praktizierten politisch unmögliche Aktionen und er müsse darauf dringen, dass diese Handlungen uns untersagt werden. Kleinlaut fragte ich damals, Genosse Botschafter, was machen wir denn nicht richtig? Er erklärte, dass eine Zusammenarbeit mit Namibia politisch nicht möglich ist. Ich entgegnete, wir arbeiten nicht mit Namibia zusammen. Der Botschafter meinte daraufhin, ihr habt doch eine Flotte, Schiffe von Namibia! Er holte ein Telex hervor und zeigte es mir.
Mein Fangleiter, Kapitän Draht hatte mir geschrieben, dass von unserer Namibiaflotte, Materialien zu uns weitergeschickt werden. Der Botschafter schlussfolgerte daraus, dass wir Fahrzeuge von Namibia in unseren Diensten hätten und wir mit ihnen zusammen arbeiten würden. Ich konnte diesen Irrtum aufklären und ich sah, dass der Botschafter froh darüber war.
Nun trank er mit mir sogar einen Kaffee und ich konnte mit ihm über unsere Fischerei reden.
Ich nutzte die Gelegenheit und erklärte ihm die besseren Fangmöglichkeiten unserer Zubringertrawler und die eigentlichen Probleme, die wir mit den Frosttrawlern hatten. Auch über das Garnelenprodukt, welches die Frosttrawler herstellten unterhielten wir uns eingehend und ich kündigte den Einsatz eines Fang – und Verarbeitungsschiffes an, mit dem wir die Bearbeitungstechnologie erproben wollten und auch die Abpackung der Garnelen in 2 kg Packungen vorgenommen wird. Ein marktfähiges Produkt sollte entwickelt werden.
Als ich mich verabschiedete, war mein hiesiger Chef klüger geworden und ich glaube eine Reihe von Rückfragen, wie sie sonst durch den Botschafter bei meinen Informationen nach Hause üblich

waren, würden sich jetzt erübrigen. Das war auch ein kleiner Erfolg. Mein Saßnitzer Kollege war in die Heimat zurückgekehrt. Es war besser so, denn irgendwie hatte er zu seinen eigenen Kollegen kein gutes Verhältnis. Die Besatzungen vertraten den Standpunkt, er ließ sie allein, war mehr oder weniger mit sich beschäftigt. Ich denke, er kam in diesem, für ihn doch recht fremden Land nicht zurecht, konnte die Mentalität der Mosambikaner nicht verstehen und gab deshalb bei vielen notwendigen Aufgaben einfach auf, weil er sich immer noch nicht richtig verständigen konnte.
Ich musste nun alleine hier mit den Aufgaben fertig werden.

Kontrolle meiner Tätigkeit
Plötzlich bekam ich aus Rostock Besuch. Der Generaldirektor schickte einen Beauftragten, der prüfen sollte, ob wir nicht auch ohne eine Fischereivertretung auskommen könnten. Kollege Wikert sprach mit mir Klartext. Wir kannten uns. Er erläuterte die Forderungen unseres Ministeriums, mich dort abzuziehen. Er sagte mir auch, dass mein Betrieb eine andere Meinung vertrat, aber nichts gegen diesen Standpunkt im Ministerium machen könnte. Wir haben dann beide eine bestimmte Zeit lang die anfallenden Arbeiten Seite an Seite erledigt. Er lernte den Aufwand kennen, der notwendig war, um bestimmte Arbeiten für die Schiffe oder für den Besatzungsaustausch zu erledigen.
Im Hafen lagen zwei unserer Frosttrawler zum Auslaufen. Nur noch wenige Behördenwege waren notwendig.
In dieser Situation erreichte uns die Nachricht, dass der Kapitän unseres Forschungsschiffes „Ernst Haeckel“ mit einem Herzinfarkt in ein Krankenhaus in Beira eingeliefert wurde. Wir berieten uns und besprachen die notwendigen Arbeitsschritte mit der Wirtschaftspolitischen Abteilung der Botschaft. Ich flog nach Beira. Von dort kam ich nach 4 Tagen mit dem Kapitän zurück und brachte ihn hier wieder in ein Krankenhaus.
Im Hafen lagen immer noch unsere beiden Schiffe. Der Beauftragte des Generaldirektors war völlig genervt und aufgelöst, weil er es nicht fertig brachte, beide Schiffe aus dem Hafen zu bringen. Damit war natürlich auch bei ihm klar, dass es ohne einen tatkräftigen Mann an

Land nicht funktionieren würde. Auch die Mitarbeiter der Botschaft vertraten die gleiche Meinung. Doch mir half dies alles nichts. Mir verblieb sicherlich noch eine Galgenfrist, denn das Frühjahr 1978 war beinahe vorbei. Ich dachte, manche Mühlen malen nicht so schnell, weil es auch von meinem Betrieb nicht so gewünscht wurde. Ich hatte Arbeit genug und konnte mich dadurch ablenken.
An dieser Stelle muss ich unbedingt eine Geschichte mit Joachim Barthel erzählen, die eigentlich zeigt, dass wir viele hochmotivierte Menschen in unserem Betrieb hatten.
Das Fang- und Verarbeitungsschiff „F. C. Weisskopf" war eingelaufen und sollte nach einer kurzen Liegezeit die Untersuchungen für eine Bearbeitungstechnologie für Garnelen und die Herstellung eines marktfähigen Produktes aufnehmen. Ich war kaum an Bord, hatte gerade den Alten begrüßt, da kam Joachim Barthel auf mich zu und befragte mich nach dem Stand der Garnelenproduktion. Jochen Barthel war einer unserer Verarbeitungsspezialisten und arbeitete in der Fangleitung See. Ich erzählte ihm von Captain Ignazius, einem Garnelenproduzenten, der seine Produktion ca. 20 km von Maputo entfernt betrieb. Er berichtete, dass er aus Südafrikanischen Veröffentlichungen viel über die Garnelenproduktion gelesen hätte. Nun war er nicht mehr zu halten. Er wollte unbedingt diesen Garnelenproduzenten besuchen und zwar gleich, weil die Liegezeit des Schiffes nicht ausgedehnt werden sollte. Obwohl es bereits spät am Nachmittag war, mein Auto eigentlich in die Reparatur musste, weil ich kein Licht hatte und nur der Blinker funktionierte, stimmte ich einer Fahrt zu. Es war riskant, weil die Fahrt ohne Licht eigentlich nicht vertretbar war, weil es hier in diesen Breiten ab 18.00 Uhr stockfinster ist. Der Besuch sollte nur kurz sein, doch meistens kommt es anders als man denkt. Jochen war so neugierig, dass ich mich nur wundern konnte über die Geduld von Captain Ignazius. Alle Fragen wurden beantwortet und er zeigte uns auch seine komplette Produktion. Captain Ignazius läuft bestimmt heute noch als Sieb umher, weil er von den vielen Fragen sicherlich wie ein Sieb gelöchert war. Es war spät geworden, als wir uns verabschiedeten und es war, wie gesagt, stockfinster. Kein Stern war am Himmel zu sehen. Die Rückfahrt war für mich grauenvoll. Horst Wikert, der immer noch in

Maputo war, raufte sich die Haare, wenn wir vom Weg abkamen. In der Ferne sahen wir die Lichter von Maputo. Ich hatte den Blinker angemacht, um die Wegbegrenzung wenigsten ein bisschen zu sehen. Wir fuhren Schritt, mehr war nicht drin. Als wir dann endlich in den beleuchteten Straßen von Maputo waren, machten wir erst mal eine Pause, um den Stress der Fahrt abzuschütteln. Jochen Barthel, der bei der ganzen Fahrt still blieb, meinte nun, trotz dieser Chaosfahrt, es hat sich gelohnt, es war nicht umsonst. Wenn wir uns in der heutigen Zeit treffen, erinnern wir uns immer wieder an Captain Ignazius und der stockfinsteren Fahrt mit dem Auto.
Wir haben dann auch versucht mit diesem Mann eine Zusammenarbeit zu praktizieren. Der Direktor Afrika wollte die 21 kg Pakete der Frosttrawler an einen Abnehmer in den USA verkaufen. Dazu mussten diese Pakete aber umgepackt werden. Nur 2 kg Pakete konnten abgesetzt werden. Ignazius hatte gute Voraussetzungen, die großen Pakete anzutauen und in kleinere zu verpacken.
Das neue Produkt wurde dann per Flugzeug an den Abnehmer in den USA geliefert. Dort durfte es nicht weiter verkauft werden. Von meinem Direktor Afrika habe ich die Gründe nie erfahren. Er hüllte sich in Schweigen.
Von den neuen Produkten, die Jochen Barthel auf dem Verarbeiter herstellte waren alle hell begeistert. Der Direktor Afrika stellte die Erzeugnisse vor. Die Fachleute zu Hause und aus dem Westen waren sich einig, diese Garnelen kann man verkaufen, sie werden auf dem Markt angenommen. Auch hier in Mosambik wurden nun unsere Produkte vorgestellt und ernteten viel Lob. Sofort fanden Käufer den Weg zu uns in die Fischereivertretung. Doch die Vermarktung lief über unseren neuen Außenhandelsbetrieb „Fischimpex“. Wir informierten darüber, dass ein Enkel des Königs von Swaziland, ein Herr Dlamini unsere Produkte kaufen wollte. Er war scheinbar ein ernsthafter Käufer, denn er eröffnete umgehend ein Akkreditiv bei einer ansässigen Bank. Horst Wikert und ich erhielten den Auftrag, nach Swaziland zu reisen und Erkundigungen einzuholen. Mit der Reise wurde es nichts, weil man uns die Einreise nicht genehmigte. Bestimmte Leute hatten daran gedreht. In die internationale Garnelenmafia

einzudringen war nicht so einfach. Joachim Barthel hatte gute Arbeit geleistet. Ich konnte mich davon im Mai 1980 überzeugen, als unsererster Garnelentrawler ROS 408 „Herbert Baum“ in Maputo eintraf. Das Schiff hatte noch keine Ausleger, aber eine funktionierende Bearbeitungstechnologie und auch verbesserte Netze.

Problembeseitigung im Hafen

Hier in Maputo hatten wir nun auch die Probleme mit den Liegeplätzen im Hafen so einigermaßen geklärt. Mit Heinrich Schwarz, dem Kapitän der „Herbert Baum“, saß ich, nach dem Einlaufen, in seiner Kammer. Der Operativchef des Hafens hatte sich angekündigt. Unsere Kapitäne meinten und ich dachte anfangs auch nicht anders, er ist ein sturer, unzugänglicher Portugiese. Ich dachte, jetzt ist die Gelegenheit vielleicht günstig, ihn noch einmal zu bearbeiten und irgendwie zugänglicher zu machen und an diesen Mann heran zu kommen. Wir bewirteten ihn vorzüglich und mit der Zeit kam er auch mit der Sprache heraus. Er hatte riesengroße, persönliche Probleme. Alles kam sehr zögerlich, doch ich hakte immer wieder nach und dann erzählte er uns von seiner Familie. Er hatte eine große Familie. Wie natürlich alle hier, hatte er nicht ausreichend Nahrungsmittel, um sie zu versorgen. Der Hunger in der Familie, den er mit seinen Mitteln nicht vertreiben konnte, machte ihn systematisch kaputt. Er konnte das Leid der Kinder und Frauen nicht mehr ertragen. Heinrich packte ein und der Mann ging mit reichlich Lebensmittel von Bord. Diese kleine interne Abmachung wurde in unserer kleinen Flotte durchgeschaltet. Er erhielt dann regelmäßig mal ein Fisch - oder Garnelenpaket und auch andere Lebensmittel. Ein Problem mit Liegeplätzen hatten wir fortan nicht mehr.“

Abberufung - ab nach Hause

„Nun war es doch soweit, ich musste nach Hause.

Im September 1980 reiste die Familie Petzold ein. Kapitän Petzold sollte meine Funktion übernehmen. Am 1. November übergab ich meine Arbeit an Jürgen Petzold und verabschiedete mich. Mein Fangdirektor Kapitän Müller hatte mich zurück beordert. Ich war niedergeschlagen, ließ den Kopf ein bisschen hängen. Verstehen

konnten sie es bestimmt zu Hause. Jetzt begann die Garnelenfischerei erste Erfolge zu zeigen und ich war weg vom Fenster. Im Stillen habe ich die Welt verflucht, nach außen blieb ich ruhig und gelassen. Sie sollten nicht sehen, wie sehr ich mich ärgerte.
Damals wusste ich noch nicht, dass ich regelmäßig wieder hier in Maputo sein würde und doch noch an der sich durchsetzenden Garnelenfischerei teilhaben konnte.
Meine Umbesetzung wurde vom Fischkombinat an die VVB Hochseefischerei gemeldet und von dort wurde das Ministerium informiert. Ein eifriger Mitarbeiter gab dann die Meldung meiner Ablösung an die Botschaft, an die dortige Parteileitung und die Wirtschaftspolitische Abteilung weiter. Auch der Protest der Botschaft, dass ich an den Misserfolgen keine Schuld trage und eine gute Arbeit geleistet hätte, nutzte nichts mehr. Dieser Standpunkt ging auch an die VVB Hochseefischerei. Der Direktor Afrika schlug mich dann für eine Auszeichnung vor. Nun wusste ich überhaupt nicht mehr, was ich von dieser bitteren Angelegenheit halten sollte.
Ich war mächtig enttäuscht von diesen Menschen und machte wohl das einzig richtige, ich ging in Urlaub, wollte mich von diesem unnötigen Stress erholen.
Ich dachte, danach wirst du wieder in die Flotte zurückgehen.
Meinen Bericht über meine Tätigkeit in Maputo habe ich bei meinem Chef abgegeben. Ich wusste, er würde weiter zum Generaldirektor und zu den Staatssicherheitsleuten gehen. Ich schrieb den Ablauf so auf, wie er sich zugetragen hatte. Ich dachte, die können dich mal.“

Einsatz an Land

„Es waren wohl einige Monate, die ich Urlaub machte. Dann habe ich in der Fangdirektion gearbeitet und bei vielen Dingen mitgeholfen. Ich war auch in diesem Jahr als Fangleiter beim Fischkauf in Schottland auf unseren Fahrzeugen und auch an Land bei den Vertragspartnern. Mal was ganz anderes."

Eine Kurzreise nach Angola mit Hindernissen

„Ich glaube, sie dachten an Land alle, der Seffner ist unser Feuerwehrmann. Den können wir schnell mal für eine Aufgabe einsetzen, der macht das schon. Und meistens immer dann, wenn diese Aufgabe überraschend vor der Tür steht und dann auch noch kompliziert ist.

Ich arbeitete in der Wissenschaftlichen Einsatzzentrale der Fangdirektion. Mein Fangdirektor, Kapitän Egon Müller und der Chef der Einsatzzentrale, Gerhard Gippner erläuterten mir die Lage auf dem Fangplatz Namibia. Die Namibiaflotte hatte eine sehr gute Produktion, mit der überhaupt niemand gerechnet hatte und nun ging das Verpackungsmaterial zur Neige. Ein Schiff der DSR hatte diese Verpackung hier in Rostock geladen und war bereits auf dem Weg nach Angola zum Hafen Luanda.

Bei der Fischereilage wollten meine Chefs kein Produktionsschiff abziehen und ein Umschlagen auf See lehnte die DSR ab. Ich erhielt nun den Auftrag, dort unten das Löschen des Verpackungsmaterials abzusichern und auch eine Beförderung zum Fangplatz zu organisieren. Außerdem sollte ich noch einige Kisten mit unterschiedlichen Materialien mit dem Flugzeug nach Luanda nehmen. Ich hatte zum Überlegen gar keine Zeit, packte nur einige Sachen ein und dann konnte es losgehen. Der Flug war gebucht und auch der Transport der Kisten war in Berlin Schönefeld geordert. Ich sollte in Berlin auf jeden Fall kontrollieren, ob die Kisten für den Flug bereit gestellt waren. Mit dem 10.00 Uhr Zug machte ich mich auf dem Weg nach Berlin. Der Abflug sollte um 23.00 Uhr erfolgen. Ich hatte mir eine Illustrierte gekauft, doch meine Gedanken waren in Luanda. Dort gab es eine sowjetische Fischereivertretung.

Ich dachte, hier musst du mit dem Ausloten deiner Möglichkeiten beginnen. Sie hatten ja bedeutend mehr Schiffe in diesem Gebiet.
Wir durchfuhren den Bahnhof von Grabowhöfe als ich plötzlich durch einen unheimlich starken Stoß von meinem Sitz geschleudert wurde. Es quietschte und dröhnte in meinen Ohren. Als ich wieder denken konnte, stellte ich fest, dass der Eisenbahnwaggon, in dem ich gesessen hatte, auf dem Kopf lag. Wir lagen quer in einem Graben, wohl neben den Gleisen.
Vorsichtig bewegte ich meine Gliedmaßen. Doch ich hatte dieses Unglück wohl ohne Schaden überstanden. Nichts als raus hier aus dem Waggon, waren meine Gedanken. Doch die Türen waren zerquetscht, ließen sich nicht öffnen. Die Fenster hatten keine Scheiben mehr. Ein Fahrgast kletterte schon aus dem Fenster in den Graben. Ich hinterher - nahm aber mein Gepäck mit. Wir landeten im Schlamm des Grabens. Wir krochen unter dem Waggon hervor. Gut sahen wir bestimmt nicht aus. Dann hörten wir aus anderen Waggons Hilferufe.
Es sah alles ziemlich schlimm aus. Die Lokomotive stand neben dem Gleis und weitere 5 Waggons waren umgekippt. Ich kann nicht mehr sagen wie lange es dauerte bis die ersten Rettungsfahrzeuge eintrafen. Ein Hubschrauber kreiste über uns und wir halfen, so gut wir konnten den anderen Mitreisenden. Sie machten sich auf dem Weg in Richtung Dorf.
Im Dorfkrug wurden wir betreut. Doch an das Telefon war kein rankommen. Ich wollte aber die Rostocker informieren, weil ich nicht wusste wie ich hier weg kommen sollte. Erst im LPG-Büro konnte ich telefonieren. Dort versuchte ich auch, etwas von dem Schlamm von meinen Kleidern zu bekommen und mein Gepäck zu reinigen. Ein Ersatzzug brachte uns nach Berlin. Um 20.00 Uhr war ich auf dem Flugplatz Berlin Schönefeld. Man schaute mich etwas merkwürdig an, weil ich noch immer Flecken auf meiner Bekleidung hatte und mein Gepäck auch nicht besser aussah. Meine Säuberung setzte ich im Flugzeug fort, weil die Stewardessen Mitleid zeigten.
Der Flug nach Luanda - Angola verlief normal. Ich hatte Zeit, um mich zu beruhigen. In meinem Hotel stieg ich endlich aus meinen fleckigen Klamotten. Ich hatte mich die ganze Zeit nicht wohl gefühlt

und auch das Putzen der Stewardessen an meinem Zeug, war wohl angenehm, brachte aber nicht viel. Doch wir hatten Spaß bei den Säuberungsversuchen. Nun waren meine Gedanken schon wieder bei den Kartons, dem Verpackungsmaterial. Im Hafen von Luanda lagen ein sowjetischer Supertrawler und ein Verarbeiter. Ich dachte, damit könnte ich schon was anfangen. Also ging ich zur sowjetischen Fischereivertretung. Wir verständigten uns mit Händen und Füssen, doch es klappte, sie hatten verstanden, was ich wollte. Auch hier wurde ich verwundert angeschaut, ich sah wohl von den erlittenen Strapazen immer noch nicht gut aus. Ich erzählte von dem Zugunglück. Sie schüttelten mit den Köpfen und ich musste erst mal etwas essen. Sie erzählten mir dann, dass ein Kümo von ihnen hier im Hafen liegen würde, der eigentlich leer zum Fangplatz laufen sollte. Es schien alles sehr gut zu laufen, er sollte mein Verpackungsmaterial mitnehmen.
Auch der DSR Frachter war eingelaufen. Ich ging an Bord zum Kapitän. Er empfing mich etwas merkwürdig und war ziemlich mürrisch. Als ich ihm dann sagte, morgen kommt ein Kümo längsseits, der unser Verpackungsmaterial laden würde, schaute er mich ganz entgeistert an und wollte es nicht glauben. Wir besprachen die Einzelheiten und es klappte mit dem Umladen. Auch die Kisten, die mit dem Flugzeug kamen, schaffte ich mit dem Zauberwort „In Transit“ vom Flugplatz auf den Kümo. Über die Handelspolitische Abteilung der DDR schickte ich eine Information an den Betrieb. Am Fangplatz kam die Nachricht sehr schnell an. Unser Fangleiter See für Produktion Manfred Harasim freute sich und setzte sich mit dem Flaggmann der sowjetischen Flotte in Verbindung. Der wusste von unserer Aktion überhaupt nichts und meinte, der Kümo kommt nicht zu Fangplatz, er läuft nach Mauretanien. Diese Information meldete er dann sofort nach Rostock. Nun war die Verwirrung groß und ich erhielt die Order alles zu stoppen. Doch der Kümo war schon ausgelaufen und wie mir von der Fischereivertretung noch einmal versichert wurde, lief er unseren Fangplatz an. Ich war zufrieden. Die Kartonage kam bei unserer Flotte wohlbehalten und rechtzeitig an.
Ich gestehe jedoch, dass ich ohne Hilfe des Handelsrates der DDR in Luanda, Herrn Werner Fromm, bestimmt größere Probleme

bekommen hätte. Ich kannte den Werner Fromm von Maputo, wo wir schon gut mit einander auskamen. Er gab mir auch ein Auto mit einem diplomatischen Kennzeichen. Er durfte es eigentlich nicht, aber er tat es doch. Mit diesem Auto öffneten sich mir die Türen des Hafens und auf die Behörden machte ich schon Eindruck.
Zufrieden trat ich meinen Heimflug an. Doch die größte Überraschung stand mir noch bevor. Dort in Berlin erwartete mich meine Lebensgefährtin und der Vertreter des Betriebes Heiner Mende. Ich wunderte mich, es war eigentlich ungewöhnlich. Es war ja keine monatelange Reise gewesen. Heiner Mende wedelte mit einem roten Flugticket der Interflug. Dann rückte er mit der Sprache heraus, dass ich am nächsten Tag nach Maputo fliegen müsste. Es war dringend, ich sollte die Familie Petzold ablösen.
Ich dachte nur, so etwas können sie auch nur mit dir machen."

Wieder zurück in Maputo und in der Garnelenfischerei

Man sagte mir damals, Kapitän Petzold muss unbedingt mit seiner Frau nach Rostock und du übernimmst die Vertretung. Damit war ich im Sommer 1981 wieder in Maputo. Zu meiner Freude wurde ich hier von allen freundlich begrüßt und willkommen geheißen. Man hatte mich nicht vergessen. Jürgen Petzold machte mich mit allen inzwischen eingetretenen Veränderungen bekannt. Wir fuhren zusammen ins Staatssekretariat und Dr. Basulto begrüßte mich ganz herzlich. Inzwischen hatten wir auch einen Funkempfänger, mit dem wir Informationen von unseren Schiffen empfangen konnten. Das war sehr wichtig für unsere Arbeit mit den Besatzungen. Leider durften wir selber nicht senden, konnten nur die Taste drücken, damit sie draußen wussten, wir hatten verstanden. Wollten wir eine Nachricht nach See schicken, mussten wir den Sender des Staatssekretariats benutzen.
Kapitän Petzold kam zurück und ich arbeitete wieder an Land in Rostock. Doch Jürgen Petzold hatte mir noch vor meiner Abreise sein Leid geklagt und darüber informiert, dass seine Frau hier im Lande ständig unter einer Allergie litt. Sie hatte ständig starken Schnupfen und immer wieder tränende Augen. Sie müsste zu Hause zum Arzt und sich auskurieren. So kam es dann auch.
!982 eröffnete Kapitän Petzold dem Direktor Afrika, dass er seiner Frau diese immer wiederkehrenden Allergien nicht länger zumuten könnte. Und er wollte alleine hier in Mosambik nicht bleiben.
Es war ein kleines Drama, dass sich hier mit mir abspielte. In der VVB Hochseefischerei wagten sie nicht, mich wieder für den Einsatz als Fischereivertreter vorzuschlagen. Es wurde wieder nach einem geeigneten Mann gesucht. Zwischenzeitlich hatten sie ja den Seffner und ich muss sagen, ich übernahm gerne wieder die Vertretung. Ich war geduldig und nahm die Arbeit in Maputo wieder auf."

In Rostock konnten wir Horst Seffner verstehen. Ich glaube, ein anderer Kapitän hätte längst die Flinte ins Korn geworfen. Wäre in die Flotte zurück gekehrt und hätte wieder Fisch gefangen.

Ich wusste aber auch, dass er dieses Land mit all seinen Problemen und Sorgen liebte und die Menschen in sein Herz geschlossen hatte. Er konnte das Elend und die Not der Menschen nicht übersehen. Schaute er in die Augen der Kinder, wie sie still um Brot oder andere Esswaren flehten, dann stand bei ihm fest, ich muss helfen, etwas gegen den Hunger tun. Nun wissen wir, warum er immer wieder zurück in dieses Land ging.

Kapitän Seffner hatte mir auch von seinen Kontakten zur sowjetischen Fischereivertretung oder wie sie sich nannte berichtet. Für die Schiffe, die in diesem Gebiet oder im Südatlantik arbeiteten, hatten sie dort in Maputo ein Schwimmdock stationiert. Wir waren froh darüber, weil der Bewuchs des Unterwasserschiffes sehr schnell in diesen warmen Gewässern voranschritt und wir nun nicht mehr nach Madagaska brauchten. Als wir den Garnelentrawler „Herbert Baum“ nach einer Schiffsreparatur mit den Auslegern ausrüsteten, sollte das Schiff einen neuen Bodenanstrich erhalten. Doch wir lagen und lagen und erhielten in der DDR keinen Dockplatz. Kapitän Seffner erhielt die Order, dort eine Eindockung zu ermöglichen. Wir nannten den Termin und schickten das Schiff in Richtung Mosambik. Es war gewagt, aber wir hatten Vertrauen in unsere Zusammenarbeit. Und richtig, Kpt. Seffner meldete, dass das Schiff drei Tage nach der Ankunft ins Dock kommt. Er hätte alle nötigen Absprachen getroffen. Wie er mir später mal erzählte, war er damals stolz auf seinen Erfolg gewesen. Doch wir bekamen, von unserer VVB einen derartigen Rüffel, weil wir diese Möglichkeit erst jetzt genutzt hatten. Der General meinte damals, wenn das Schiff dort ankommt muss klar gemacht werden, dass es sofort gedockt wird. Mir blieb damals nichts anderes übrig, als meinem Seffner diese Weisung zu übermitteln. Ich war gespannt, was er daraus machte.
Er meinte bei dem späteren Gespräch: „Als ich das Telegramm mit deiner Unterschrift in den Händen hielt, hätte ich dich glatt umbringen können. Die Verantwortlichen für das Schwimmdock schauten mich ganz ungläubig an. Sie haben bestimmt gedacht, bei den Rostockern sind unsere eigenen Verhältnisse eingetreten. Von ihrer gelobten exakten Planung ist nichts mehr übrig geblieben.

Ausleger auf dem
Garnelentrawler.
Der Besuch sammelt den
Beifang ein

nsteuerung Maputo
sel Ihaca mit Leuchtturma.

ìarnelen im Netz

Beim Schleppen

Geschirr ist vorgehievt

Garnele - im Größenvergleich

Garnelentrawler „Herbert Baum“ mit vorgehievten Geschirren

ir müssen beim Kümo längsseits gehen.

Maputo war vor Jahren ein bedeutender Umschlagplatz im Süden Afrikas

Von einer Fangreise zurück in Maputo

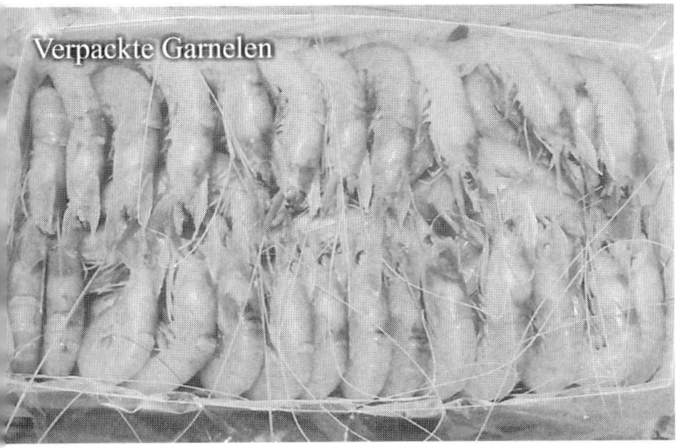

Verpackte Garnelen

Anfangs gab es Probleme mit den Liegeplätzen im Hafen, später hatten wir keine Probleme mehr.

Hier im Hafen waren auch andere Garnelenfischer anzutreffen Japaner, Portugiesen und sowj. Fischer.

Blick auf den Hafen Maputo

Spaziergang durch die Stadt.

Die Märkte in Maputo wurden durch unsere Hochseefischer gerne besucht.

Markttreiben in Maputo

Reger Betrieb im Hafen von Maputo

Wenn wir die Möglichkeit hatten, mischten wir uns unter die Leute.

Blick auf die Stadt

Ich schaffte es aber, sie von der Notwendigkeit zuüberzeugen. Ich mag gar nicht sagen, was ich ihnen alles aufgetischt habe. Mit einem Fischpaket konnte ich sie auch nicht umstimmen, aber mit unseren Garnelen sah es schon anders aus".
Als damals die „Herbert Baum" in Maputo einlief, hatten sie bereits die beiden Schiffe, die bisher im Dock lagen heraus genommen. Sie lösten ihr Versprechen ein. Ich erhielt per Telegramm dann auch die Bestätigung von unserem Fischereivertreter.

Unsere Garnelentrawlerbesatzungen
„Unsere 4 Garnelentrawler, mit den Kapitänen Heinrich Schwarz, Klaus Müller, Diethard Ronft und Jürgen Peters und auch die Vertretungskapitäne hatten sich gut eingearbeitet", erzählte Horst Seffner. „Ich war immer wieder erstaunt, mit welchem Elan und welch großer Bereitschaft die Besatzungen um gute Fangergebnisse rangen. Diese kleine Truppe konnte sich mit ihren Fängen bereits mit den sowjetischen und den spanischen Fischern messen. Systematisch hatten sie die Fanggebiete untersucht, hatten sich Kenntnisse von den anderen Fischern geholt und sich angeschaut mit welcher Technologie sie arbeiteten. Nichts blieb auf einem Schiff. Alle Erkenntnisse wurden ausgetauscht und gemeinsam wurden Verbesserungen in unserer Technologie vorgenommen. Sie hielten zusammen und halfen sich immer gegenseitig. Lagen sie im Hafen, dann habe ich immer wieder mit ihnen über unsere Fischerei gesprochen.
Lassen wir doch einfach Kapitän Heinrich Schwarz vom Garnelentrawler „Herbert Baum" erzählen. Er hat dort die ganze Zeit gearbeitet und kann die Fischerei besser beurteilen als ich. Damals bei ihm an Bord musste ich immer wieder nachbohren und Heinrich aus der Reserve locken, bis er mir seine Erlebnisse und etwas mehr zur Garnelenfischerei erzählte", meinte Horst Seffner.

Kapitän Heinrich Schwarz berichtet:
„Es war wohl im Juni 1979, als ich den Auftrag zu einem Kurzeinsatz in Mosambik erhielt. Ich freute mich sehr, denn wir lagen mit meinem Zubringertrawler „Herbert Baum" schon geraume Zeit in der Werft und wurden zu einem Garnelentrawler umgerüstet. Wir waren auch

stolz darauf, dass wir dann so was wie ein Miniverarbeiter waren. Wir sollten eine Verarbeitungstechnologie erhalten und ebenfalls einen Tiefkühlraum. Die Ausleger sollten später nachgerüstet werden.
Ich dachte mir, so lernst du das Land und die Menschen schon mal kennen und wir können uns ein Bild machen, was uns dort erwartet.
Wir sollten die Stammbesatzung der „Philipp Müller“ ablösen und das Schiff nach Madagaskar ins Dock bringen. Die Besatzung hatte erste vertretbare Erfolge in der Garnelenfischerei erreicht. Durch die Einsatzzeit in diesen Gewässern, war der Schiffboden bewachsen und er sollte dort gereinigt werden.
Als die Fangleitung mir damals mitteilte unser Schiff solle in den Garnelenfang, habe ich keine Minute gezögert und zugesagt, dass ich dabei bin. Mein Fangleiter meinte damals, das ist aber eine ganz andere Fischerei, als du sie bisher kennst, da musst du dich vollkommen umstellen. Ich dachte, bange machen gilt nicht, wirst du schon schaffen. Ich hatte mich ausgiebig mit der Garnelenfischerei befasst. Alles was es über Mosambik hier bei uns zu Hause gab, hatte ich gelesen. Denn ich wollte ja auch wissen, wo mein neuer Arbeitsplatz ist und wie die Menschen dort arbeiten und leben. War auch über die Garnelenfischerei mit ihren bisherigen Ergebnissen informiert. Klar war mir und meiner Besatzung, dass wir vollkommen umlernen mussten, da hatte mein Fangleiter bestimmt Recht. Allein mit dem Gedanken fertig zu werden, dass wir dort keine Tonnen fischen, sondern unsere Ergebnisse wohl meisten in Kilogramm abgerechnet würden, könnte für so manchen Kapitän ein Problem werden. Doch wir hatten keine Angst und wollten uns dieser neuen, interessanten Aufgabe stellen. Klar war uns auch, dass wir mit unseren Ergebnissen den Fischkauf und andere Fangaktivitäten der Flotte mit finanzierten. Wir waren also so was wie Devisenbeschaffer, war mir aber nicht unangenehm und reizte sogar, würde bestimmt anspornen.
Als ich die Mindestbesatzung für diesen Kurzeinsatz zusammenstellte, wollten alle mit. Doch das ging natürlich nicht. Unser Flug ging von Berlin, mit einer Interflugmaschine, über Luanda in Angola nach Maputo in Mosambik. Hier lag die „Philipp Müller“ bereits im Hafen. Fliegen war für uns Hochseefischer nichts Neues.

Doch die Route war diesmal eine ganz andere, als wir sonst über den Atlantik gewohnt waren. Nach der Zwischenlandung in Luanda war die Stimmung an Bord gut, zumal wir gerade gegessen hatten und ein Bier zum Nachspülen das Wohlbefinden unserer Besatzung förderte. Die Stewardessen hatten uns ganz vorzüglich bedient. Ja, Hein Seemann gefiel es. Ich dachte an ein Schläfchen, vertiefte mich aber in meine mitgenommene Zeitung - Die Wochenpost -. Meine Besatzung schnatterte durcheinander, sie erzählten sich Geschichten, die sie wohl an Land erlebt hatten. Mein Zeitungslesen, die Gespräche meiner Besatzung und der Passagiere wurden durch eine heftige Erschütterung urplötzlich unterbrochen. Ich hatte das Gefühl, dass das Flugzeug zitterte und bebte. Meine Zeitung glitt mir aus den Händen und es war totenstill an Bord. Ein Matrose saß an der rechten Seite und hatte einen Fensterplatz. Er rief in diese Stille hinein: „Ein Kondensstreifen, ich sehe hinter dem äußeren Triebwerk einen Kondensstreifen.“ Die Maschine verlor gleichzeitig an Höhe. Wir konnten es alle spüren, dass wir absackten. Die Erschütterung, die wir anfangs wahrnahmen, war vorbei. Eine Durchsage vom Flugkapitän erfolgte nicht. Es war immer noch mucksmäuschen still an Bord. Alle waren wohl in diesen Minuten voll konzentriert, horchten auf die Geräusche der Triebwerke, spürten unser Herz klopfen und dachten, was wird nun folgen?
Ich muss gestehen, ich dachte damals überhaupt nichts, spürte nur, dass meine Handflächen feucht waren und ich versuchte sie an meinen Hosen zu reiben. Ich schwitzte auf einmal am ganzen Körper. Es schien aber, als würden wir weniger an Höhe verlieren. Immer noch war es still, niemand wagte zu reden oder besser gesagt, jeder war mit sich und der Situation beschäftigt. Dann kam endlich die Stewardess und erklärte, wir sollten uns nicht beunruhigen und könnten ruhig bleiben. Wir müssten allerdings eine Zwischenlandung in Lusaka - Sambia vornehmen. Sie meinte, die Piloten hätten alles unter Kontrolle. Also doch, es muss was passierte sein, dachte ich. Nun setzte natürlich das Gerede an Bord ein, doch alle waren sehr zurückhaltend mit ihren Äußerungen. Wir sahen, wie Kerosin abgelassen wurde, doch die Maschine lag ruhig in der Luft.
Die Landung in Lusaka verlief ganz normal. Jetzt holten wir alle

wieder richtig Luft und waren froh Boden unter den Füssen zu haben. Es war überstanden. Die heiße Luft, die uns nach dem Verlassen des Flugzeuges entgegenschlug, überdeckte den Geruch des Schweißes, der ohne unser Zutun im Flugzeug nach diesem Ereignis wohl jedem zu schaffen machte.
Doch ein Weiterflug mit dieser Maschine war nicht möglich. Es sollte eine Ersatzmaschine von Berlin kommen. Wir verbrachten zwei Tage in einem guten Hotel. Ich konnte mit dem Piloten sprechen und er sagte mir, im äußeren Triebwerk hätte sich ein rotierendes Teil gelöst und dieses Teil hätte die zum Flugzeug liegende Triebwerksseite durchschlagen. Dadurch entstand die Erschütterung. Doch wir hatten bereits wieder Abstand von diesem Erlebnis und stiegen ohne Herzbeklemmung in die Ersatzmaschine. Sie brachte uns sicher nach Maputo. Die Maschine sollte umgehend den Rückflug antreten, deshalb wurden wir mit einem Bus sofort an Bord der „Philipp Müller" gebracht. Hier waren nur noch der Kapitän, der LTO, der Koch und der Funker an Bord. Alle anderen hatten wir schon auf dem Flugplatz gesehen. Ein kurzer Informationsaustausch genügte und wir übernahmen das Schiff.
Am nächsten Morgen liefen wir mit Lotsenhilfe aus dem Hafen Maputo und machten uns auf den Weg nach Madagaskar. Dort sollte im Hafen von Antseranana gedockt werden. Damals war eine Dockung in Maputo noch nicht möglich. Wir kamen schlecht vorwärts. Der stetige SO-Passat wehte uns anfangs mit einer Stärke von 7 - 8 entgegen. Mit Verspätung kamen wir an, das Lotsenboot mit dem Lotsen musste warten. Wir konnten sie beruhigen und verabreichten ihnen ein gutes Frühstück. Ich hatte feststellen müssen, dass wir kein Kartenmaterial von der Küste und vom Hafen an Bord hatten. Es war nur ein Übersegler vorhanden. Doch ich hatte mich so gut es ging mit der Einfahrt vertraut gemacht, das Handbuch studiert und mit der Hilfe des Lotsen kamen wir sicher in den Hafen.
Ich hatte das Lot laufen und mit unserem Radar kontrollierten wir die Anweisungen des Lotsen. Passierten die engen Passagen und die grünlich schimmernden Korallenriffe. Der Lotse schenkte uns dann eine Karte. Es war ein Prachtstück und wohl um die Jahrhundertwende gedruckt. Wir stellten fest, dass bei dieser Karte der

Nullmeridian nicht auf Greenwich, sondern auf Paris bezogen war. Sicherlich hing es damit zusammen, dass Madagaskar einmal eine französische Kolonie war. So was wie diese Karte gab es also immer noch, ich nahm sie mit auf die „Herbert Baum“ als Andenken.
Das Schiff wurde gedockt und wir führten eine Besichtigung des Unterwasserschiffes durch. Ich dachte, da haben sie schön was zum Kratzen. Die Außenwände waren vollkommen zugewachsen. Wir hatten es auch an der Fahrt des Schiffes gemerkt. Bei dieser Besichtigung verstauchte sich der Chief den Fuß. Er hielt sich mit schmerzverzehrtem Gesicht an den Pallungen fest und konnte nicht mehr Auftreten. Wir holten ihn an Bord. Der Fuß war geschwollen und bekam eine andere Farbe. Was nun? Als der Makler an Bord kam, schlug er uns eine Behandlung bei einer Heilpraktikerin vor. Der Chief Lieberwirt erklärte sich einverstanden. Nachdem Klarheit zu den Dockarbeiten bestand, setzten wir uns ins Auto und fuhren zu der Behandlung.
Zuvor hatten wir auf Anraten des Maklers Kosmetikartikel zusammen gepackt, mit denen die Behandlung vergütet werden sollte. Wir wunderten uns ein bisschen, dachten, vielleicht läuft hier auf der Insel alles anders. Es kam mir sonderbar vor, doch ich vertraute dem Makler. Es war Abend geworden und die Tropennacht hüllte alles in ein dunkles Schwarz. Die Fahrt ging aus der Stadt heraus. Wir hielten wohl im Armenviertel, denn die Wege waren unbeleuchtet und den Weg säumten schiefe Wellblechhütten. Mein Unbehagen wurde immer größer, doch der Makler beruhigte uns. Ich stütze meinen Chief, als wir in eine dieser Behausungen gingen. Im Raum brannte eine Ölfunzel. Eine Frau begrüßte uns mit Worten, die wir nicht verstanden. Ich dachte, wir sind bei einer Schamanin gelandet und auch mein Chief schaute mich ungläubig an. Ich zuckte nur mit den Schultern. Sagte zu ihm, wir werden sehen, was das hier wird. Der Chief musste sich auf ein Kissen setzen und wir zogen uns in die Dunkelheit des Raumes zurück, setzten uns auf eine Bank. Ich schaute mich um. Es sah ziemlich erbärmlich aus. Auf einer Pritsche lag eine junge Frau mit einem kleinen Kind, doch wir konnten kaum etwas richtig erkennen.
Die ältere Frau breitete die Arme aus und murmelte unverständliche

Worte. Strich über den geschwollenen Fuß und salbte ihn ein. Der Chief meinte hinterher, die kleine Massage hätte gut getan und die Schmerzen, die er immer noch hatte, gelindert. Sie machte alles sehr gefühlvoll und murmelte ihre Sprüche und fuchtelte immer wieder mit den Armen umher. Abschließend sagte sie dem Makler, sie müsste diese Massagen wiederholen.
Wir übergaben ihr unsere Kosmetiktüte und stiegen wieder in das Auto des Maklers. Ich war froh wieder im Auto zu sitzen und ich glaube meinem Chief ging es auch nicht anders. Am nächsten Tag machten wir das einzigst Richtige, wir gingen zu einem Arzt, denn der Fuß war immer noch geschwollen und schmerzte. Der Arzt fackelte nicht lange, holte meiner Meinung nach eine überdimensional große Spritze und injizierte eine bläuliche Flüssigkeit in den geschwollenen Fuß. Mein Lieberwirt verzog das Gesicht. Als wir wieder an Bord waren schaute er weitaus freundlicher, als zuvor. Die Spritze zeigte Wirkung. Es ging dann von Tag zu Tag auch besser und der Fuß sah wieder normal aus.
Die Reparaturen am Unterwasserschiff wurden in guter Qualität ausgeführt. Doch die Zeit lief uns davon. Es bestand ein fester Flugtermin und den mussten wir einhalten. Mit den neuen Farbanstrichen lief unser Schiff wie die Feuerwehr.
Wir schafften den vorgesehenen Termin, konnten die „Philipp Müller“ ordentlich an die Stammbesatzung übergeben und traten danach die Rückreise an.“
Heinrich Schwarz erzählte weiter und meinte: “Natürlich haben wir von Mosambik nicht viel gesehen und hatten kaum Gelegenheit die Menschen kennen zu lernen. Wir merkten nur, dass hier unten ein angenehmes Klima war und man es aushalten konnte.“

Garnelenfischerei

„Interessant und immer voller Überraschungen war dann später die Fischerei hier vor der Küste. Anfangs dachte ich, wir würden hier ganz alleine auf Garnelen fischen. Doch da hatte ich mich geirrt. Hier fischten bereits Japaner, die Spanier und auch sowjetische Fahrzeuge. Der Kapitän der „Philipp Müller“ hatte bereits Kontakte aufgenommen und wir versuchten es ebenfalls, um zu sehen,

ieven

Geschirr an Deck

Haie kreisen unter dem Ausleger

Ein besonders großes Exemplar

Im Dock zur Reinigung des Unterwasserschiffes

wie diese Kollegen hier mit dem Fischereigeschirr arbeiteten. Ich kann sagen, mit den sowjetischen Fischern war es einfacher als mit den Spaniern. Doch wir konnten auch dort an Bord gehen. Mit dem Schlauchboot gingen wir während des Schleppens längsseits und sahen uns deren Arbeit an. Man hatte schon ganz gut zu Hause recherchiert, denn viel verändern brauchten wir bei uns nicht. Sie machten es nicht anders als wir. Sicherlich mit anderen Anlagen als wir sie hatten. Wir waren beruhigt und wussten nun, es kommt alles auf die Fischereierfahrung in diesem Gebiet an. Unsere Unterlagen, vor allem über die Fangtechnik von Werner Lemcke, waren uns eine große Hilfe in der Anfangszeit.
Die Fischereigebiete, in denen wir arbeiteten, hatten die Saßnitzer Kollegen und die „Philipp Müller" bereits eingegrenzt. Wenn wir bedenken, dass Mosambik eine Küstenlänge von 1500 sm hat, so sollte es hier doch viele Möglichkeiten zur Fischerei geben. Unsere Aktivitäten beschränkten sich auf das Gebiet zwischen Maputo und Beira. Meistens gingen wir aber nicht weiter nördlich als bis zur Insel Basaruto. Auf der Delagoa Bay, in der Karte sehen wir eine eingetragene Ost-Westachse, fischten wir in Wassertiefen von 400 bis 550 m. Diese Position hatten wir nach dem Auslaufen bereits in 5 bis 6 Stunden erreicht. Wollten wir zum Schlickdreieck mussten wir schon 12 Stunden dampfen. Hier fischten wir in Wassertiefen von 400 bis 650 Metern. Wenn die Situation es verlangte, gingen wir auch tiefer, über 700 m hinaus. Das waren Positionen, die noch beinahe im Küstenbereich lagen. Die 1000 m Tiefenlinie verlief an der nahesten Stelle nur ungefähr 35 sm von der Küste ab. Vor Maputo, in der Delagoa Bucht und auf der Sofala Bank verlief die 1000 m Tiefenlinie bedeutend weiter im offenem Meer. Wir können es auch sehr gut auf der Karte erkennen. Der Meeresboden bestand aus Sand und Schlick.
Schleppten wir gegen Strom und Wind, kam es oft zu starken Versandungen des Fanges und sogar zum Festlaufen im Schlick mit dem Fanggeschirr. Das passierte meistens anfangs, als wir noch ohne die Auslegertechnologie fischten. Ab und zu saßen wir auch an Korallenbänken fest. Bei so einem Hacker konnte es schon zu Geschirrverlusten kommen.
Durch unsere bevorzugten Fangplätze führten auch die Routen

der großen Tanker, die aus dem Persischen Golf kamen oder die vom Kap der Guten Hoffnung zum Persischen Golf liefen. Hier war immer Schifffahrtsbetrieb und riesige Containerschiffe kreuzten unsere Kurse. Immer wieder mussten wir feststellen, dass diese Schiffe Altöl abpumpten, Ölfilter umherschwammen und die entstandenen Ölkuchen, wenn wir sie im Netz hatten, unsere Netze fast unbrauchbar machten. Den Fang konnten wir dann vergessen und dies kam gar nicht so selten vor. Ohne Bedenken entsorgten die Schiffe ihre Rückstände, weil sie keine Kontrollen fürchten brauchten.
Bis auf das sogenannte Gebiet des Schlickdreiecks war der Meeresboden eben. Hier im Schlickdreieck gab es Schlickhügel, in denen man sich festfahren konnte. Doch wir hielten beim Schleppen unsere befischbaren Wassertiefen und konnten dann ohne Probleme hier arbeiten. Erwähnen muss ich auch die zwei Canons bei Ponta Zavora, die wir Kerben nannten. Sie lagen quer in den befischbaren Wassertiefen. Ein Überschleppen war möglich, wir haben es aber meistens vermieden. Auch an der Außenkante der Sofala Bank gab es Canons.
Alle Fangplätze lagen im Einflußbereich starker Meeresströmungen. Zu schaffen machte uns der Agulhasstrom, der durch die Vereinigung des Ost-Madakaskarstromes mit dem Mosambikstrom oder auch Ostafrikastrom genannt, gebildet wird. Der Strom setzte nach SO mit einer Stärke von 2 bis 4 Knoten. Beim Fischen benötigten wir nur eine Schleppgeschwindigkeit von maximal 3 Kn. Die Fluchtbewegungen der Garnelen war gering.
Schleppten wir gegen den Strom, blieb uns nichts anderes übrig als die Maschinenleistung voll auszuschöpfen. Wenn wir mit voller Maschinenleistung schleppten, hatten wir natürlich keine Probleme mit der Steuerung des Schiffes und dem Halten der Wassertiefe. Unser Vorhaltewinkel war gering und lag zwischen 10 und 20 Grad. Schleppten wir vor dem Strom brauchten wir mit unter nur wenig Maschinenleistung. Gerade soviel, dass die Steuerwirksamkeit gewährleistet wurde. Mitunter war die Strömung so stark, dass wir beim Schleppen mit dem Strom 30 - 40 Grad vorhalten mussten, um die Wassertiefe zu halten. Oft schüttelten wir mit dem Kopf,

konnten es kaum fassen, wenn wir außenbords schauten. Es sah so aus, als machten wir keine Fahrt durchs Wasser. Es kam vor, dass sogar das Wasser am Schiff vorbei in die Fahrtrichtung strömte. Manchmal dachte ich, wenn wir ein gegen den Strom anschleppendes Fahrzeug passieren wollten, dass kann nie etwas werden und ich war nahe daran mit dem Kurs abzufallen. Beide Fahrzeuge rutschten aber an einander vorbei, wenn man eine unterschiedliche Wassertiefe von ca. 15 m einhielt. Es sah aber immer so aus durch ihre Lage im Wasser, als würden beide Fahrzeuge havarieren - als würden sie sich umfahren oder mit den Netzen zusammen haken.
Mit diesen geschilderten Bedingungen kamen wir ganz gut zurecht. Größer war die Umstellung, wenn wir unsere Holergebnisse betrachteten. Stramme Säcke wurden hier nicht an Deck gezogen, es waren tatsächlich immer nur einige 100 Kilo. Auf einer Reise, die von Mitte Dezember bis Mitte März dauerte, produzierten wir in 75 Produktionstagen 70,094 t. Davon waren 65,7 Prozent VMK-Ware und 34,3 Prozent Abdome. Der Bruttofang betrug 86,049t. Das war nicht eine unserer guten Reisen. Doch auch die anderen Garnelentrawler sahen nicht viel besser aus. Auch die ausländischen Schiffe waren mit ihren Ergebnissen nicht zufrieden. Wir waren schon bemüht die Tagesergebnisse zu erhöhen, doch es gab immer wieder Schwankungen und wir wechselten oftmals die Plätze. Man sollte wissen, wir waren nicht in der Lage die Garnelen zu orten. Auch mit der Fischlupe konnten wir nichts erkennen. So konnten wir uns nur durch das Suchen mit dem Netz, an die Garnelen herantasten. Meistens suchten wir vom flacheren Wasser ins tiefere Wasser. War das Ergebnis unbefriedigend, dann gingen wir ca. 15 m tiefer. Waren wir mehrere Fahrzeuge, dann verteilten wir uns und suchten systematisch die einzelnen Fangplätze ab. Stellten wir fest, dass in den Hols Rocheneier, Krabben, Spinnen, Kaisergranat oder Höckergarnelen waren, war dies kein gutes Zeichen. Manchmal steckten dann Garnelen in einen Netzflügel, dann wussten wir, dass bei Veränderung der Wassertiefe bessere Ergebnisse erreicht werden konnten. Wir tauschten nach jedem Hol unsere Ergebnisse aus und konnten uns so orientieren. Als wir länger in diesem Gebiet waren, hatten wir schon unsere Erfahrungen und wussten meistens,

wo wir Aussetzen konnten.Auch die Mondphasen hatten Einfluss auf das Verhalten der Garnelen. Hatten wir Vollmond dann fischten wir im Dezember und Januar im Gebiet 104. Nach der Vollmondphase im Februar wechselten wir in das Gebiet 103. Damals auf dieser Reise hatten wir dort Fänge von 1641 kg pro Fangtag. Bei nachlassenden Fängen gingen wir zurück in die Gebiete 104 oder auch 110. Damals waren die Gebiete 108 und 109 in der zweiten Februarhälfte auch nicht schlecht. Immerhin erreichten wir einen durchschnittlichen Tagesfang von 1484 kg.
Beachten mussten wir auch Temperaturschwankungen und wenn die Stärke des Stromes zunahm, dann wurden die Fänge schlechter und wir probierten es auf einem anderen Platz. Alle Umweltbedingungen, die wir beim Fischereiverlauf vorfanden, mussten wir in unseren Überlegungen einbeziehen. Wir Kapitäne haben uns über solche Zusammenhänge ausgetauscht und jeder hat in seinem Fangtagebuch exakte Vermerke eingetragen.
Ich wurde zu Hause oft gefragt, ob es denn zutreffe, dass wir mit zwei Netzen zugleich Fischen würden. So ist es. Ja, wir fischten mit zwei Geschirren, seit wir die Ausleger hatten. In dem Bild ist es schematisch dargestellt, man sieht wie es abläuft. Über die Ausleger lief die Kurrleine zu den zwei Scherbrettern, die fast vor dem Netz liefen. Der Abstand Netz und Scherbretter war ganz gering. Beim Hieven und Fieren der Geschirre muss man schon Acht geben, doch wir hatten alle mit dieser Technologie keine Probleme. Nach dem Vorhieven der Bretter und des Netzes blieb alles draußen hängen und mit einem Beihiever oder Leit wurde dann der Steert in die Slip gezogen und danach an Deck gehievt.
Im Flachwasser fischten wir wenig. Wir benötigten dann nur 50 Prozent und weniger unserer Maschinenleistung. Doch dann hatten wir Probleme mit den Abgasleitungen. Sie verrußten.
Je näher wir an der Küste fischten, desto öfter bekamen wir Besuch von den Einheimischen. Mit mehreren einfachen Booten, ihren Einbäumen versuchten sie bei uns längsseits zu kommen. Zuerst dachten wir, sie wollten mit uns handeln und Schnitzereien oder andere Waren verkaufen. Doch sie hatten es auf unseren Beifang abgesehen. An der Bordwand, wo dieser Beifang ins Meer geschüttet

wurde machten sie fest und sammelten sich alles an Fischen und anderen Meerestieren heraus, die wir nicht verwenden konnten. Für sie schien es ein erträgliches Geschäft zu sein, denn sie verkauften einen Teil dieser Beute und den anderen verbrauchten sie in den Familien. Wir kannten uns nachher schon und sie brachten Bananen und anderes Obst und auch schon mal einige, noch lebende Hühner und boten sie uns zum Tausch oder Kauf an. Wir hatten schon unseren Spaß, wenn uns dann die Hühner an Deck wegflogen und die halbe Besatzung dabei war sie wieder einzufangen bis der Koch sie in den Topf bekam. Einmal mussten wir sogar zwei Hühner aus dem Wasser fischen. Es war wohl Sonntag und in unserem Verschlag hatten wir so um die 10 Tierchen. Es war immer Spektakel und viel Geflatter im Hühnerstall, weil auch ein Hahn dabei war. Unser Koch hatte wohl einen schlechten Tag oder die Hühner merkten, dass sie in die Pfanne sollten. Jedenfalls lag der Koch auf einmal an Deck und der Verschlag stand weit offen. Man sagt oft, dass Hühner dumm sind, doch an diesem Tag traf es nicht zu. Sie flüchteten auf das Arbeitsdeck und sogar auf das Brückendeck rannten sie umher. Wie gesagt, der Koch brüllte laut um Hilfe und die Matrosen machten sich auf die Jagd. Eigentlich hatten sie schon Übung darin und bis auf zwei Exemplare waren schnell alle Hühner eingefangen. Diese saßen am Heck auf der Traverse und hatten ihr Federkleid aufgeplustert. Vorsichtig näherten sich die Matrosen mit zwei großen Käschern. Als sie zuschlagen wollten, flatterten beide in die Höhe und landeten am Heck im Wasser. Damit hatte niemand gerechnet und Karl schrie aus voller Kehle - Hühner über Bord - . Auf der Brücke hatte man dieses Schauspiel beobachtet und sich köstlich amüsiert. Nun riss der Steuermann das Brückenschott auf und rief: „Schlauchboot zu Wasser“. Alles ging sehr schnell und schon saßen zwei Matrosen im Schlauchboot und paddelten zu den im Wasser schwimmenden Hühnern. Der Steuermann reduzierte die Schleppgeschwindigkeit. Schnell hatten die Matrosen die beiden Ausreißer eingefangen. Als der Bestmann fragte, warum die Matrosen im Schlauchboot es so eilig hatten, schauten diese ganz verwundert und meinten, dass waren unsere Hühner und den Haien, die dort auf dem Anmarsch waren, haben wir sie nicht gegönnt.

Sie bekamen vom Koch eine Extraportion.
Einmal kam eines dieser Boote unter einer unserer Kurrleinen. Die Leute sprangen ins Wasser und wurden von den anderen Booten eingesammelt. Das Boot hatte sich in unserem Netz verfangen. Wir legten es an Deck, besprühten es hin und wieder mit Wasser, damit es nicht austrocknete. Als dann am nächsten Tag unser Besuch wieder angepaddelt kam, freuten sie sich riesig, als sie ihr Boot wieder in Besitz nahmen. Auch wir freuten uns immer, wenn die Einheimischen zu uns an Bord kamen. Da wir uns kaum verständigen konnten und sie ihre Wünsche oder um was es auch ging, durch Gebärden erläuterten, hatten wir und sie immer Spaß.
Weniger spaßig war es, wenn Haie unser Schiff umkreisten. Arbeiten wir auf den Gittermasten, den Auslegern und darunter kreisten im Wasser die Haie, dann wurde es den Matrosen schon mulmig im Bauch. Ohne Sicherheitsgurt stieg niemand auf den Ausleger beim Hieven. Meistens waren auf unserem Garnelentrawler 3 Mosambikaner an Bord. Der Vertrag sah es so vor. Es war ein Inspektor und es waren zwei Lehrlinge. Der Inspektor sollte die Einhaltung der vorgeschriebenen Regeln kontrollieren. Er arbeitete meistens mit, wenn wir die Garnelen sortierten, verpackten und einfroren. Hier konnte er am besten sehen, ob die Größen eingehalten wurden. Überwiegend hatten wir ein gutes Verhältnis zu einander. Es gab aber auch Inspektoren, die gar nichts anfassten und nur zuschauten oder in der Koje lagen, nichts taten. Als Zeichen ihrer Würde ließen sie sich einen Fingernagel lang wachsen. Uns störte es nicht, wir behandelten sie dann nach den Regeln. Mit den Lehrlingen war ein gutes Auskommen. Wir zeigten ihnen alles, was ein Hochseefischer erlernen musste und spannten sie in der Fischerei voll mit ein. Meisten wurden sie später auf eine Schule geschickt, wenn sie Interesse an einer weiteren Ausbildung in der Fischerei zeigten. Sicherlich hatten wir mit der Essenszubereitung immer mal ein paar Probleme, doch sie belasteten uns wenig. Wir hatten uns mit unserer Verproviantierung darauf eingestellt und Tee, Reis und Hühner genügend in den Provianträumen."

Als ich Kpt. Schwarz traf, meinte er: „Ich habe noch etwas vergessen, was wir dir unbedingt erzählen müssen. Manfred Radtke von meiner Besatzung, erinnerte mich an die schlimmen Gewitter, die immer fast unerwartet über uns herzogen. Der ganze Spuk dauerte meistens nur 10 Minuten. Plötzlich bezog sich der Himmel, es wurde dunkel und plötzlich Pfiff der Wind, wurde fast zum Orkan. Es blitzte, donnerte überall und die orkanartigen Böen legte unser Schiff derart auf die Seite, dass uns himmelangst wurde. Die See peitschte gegen die Bordwand. Wir hatten damals Glück, dass wir nicht vor dem Geschirr lagen, so konnten wir in die See drehen. Bei diesen Gewittern alarmierte ich immer sofort meine Besatzung und die Brücke war dann sofort voller Leute. Neulingen in diesem Gebiet stand die Angst im Gesicht geschrieben. Uns ging es beim ersten Mal auch nicht anders. Einmal stürmte ein neuer Mann auf die Brücke. Er schaute mich groß an und rief: „Käpt`n an Deck ist die Hölle los, so was gibt es gar nicht!" So überraschend, wie das Gewitter kam, verschwand es wieder und der Sonnenschein erhellte schnell die Gemüter".
Heinrich Schwarz lächelte und sah versonnen in die Ferne. „Ja Günther, es war eine schöne Zeit dort in Mosambik. Wir Garnelenmosambikaner wären gerne noch ein paar Jahre dort geblieben, wir hatten uns eingelebt, kannten das Land und die Menschen. Wussten wie wir uns zu verhalten haben, akzeptierten ihre Mentalität und versuchten durch unsere Arbeit ihre Entwicklung mit zu fördern. Wir haben dort unten gute Freunde zurück gelassen, die überhaupt nicht verstehen konnten, dass wir die Garnelenfischerei einstellten." Ich konnte „Hein Black", wie ihn seine Besatzung nannte, gut verstehen.

Erneut zurück nach Rostock

„Mein Kontakt zu allen Garnelenmosambikanern, wie Heinrich Schwarz unsere dortigen Mitarbeiter nannte, ist auch heute noch nicht abgerissen. Bei unseren Treffen werden immer noch Geschichten aus der Garnelenfischerei erzählt und Begebenheiten mit den Mosambikanern zum Besten gegeben", erzählte mir Kapitän Seffner.

Seine Zeit lief 1983 wieder ab. Er war dort immer noch als Vertreter gewesen. Nun wurde ein neuer Fischereivertreter gefunden.

1983 kam Dipl.-Ing. Joachim Barthel mit seiner Frau und übernahm die Tätigkeit als Fischereivertreter in Maputo. Ein bisschen kannte er sich dort aus. Mit der „F.C. Weisskopf“ machte er ja damals hier eine Stippvisite und schaffte es, ein marktfähiges Produkt herzustellen.

Horst Seffner schaute mich an, steckte sich eine Zigarette an, langte nach seinen kleinen Kräuterlikörflaschen und wir tranken dieses komische Zeug. Ich sagte nichts, ließ ihn in Ruhe. Er öffnete den Schrank und kramte in einem Karton umher. Dann zeigte er mir Bilder von Maputo und auch Beira.
Ich meinte zu ihm: „Komm lass uns noch so ein Likörchen trinken. Ich kann mir vorstellen, wie dir damals so zu Mute war“.
Und um ihn aufzumuntern, erzählte auch ich aus meiner Zeit in der Betriebsleitung. Erzählte von so manchen Ränkespielen und Vorkommnissen, mit denen ich leben musste oder mich derer erwehren konnte. Damals wurde Horst Seffner, wenn er nicht als Vertretung in Mosambik arbeitete, in der Fangdirektion eingesetzt. Wir hatten immer Einsatzaktionen mit unserer Flotte, wo man schon einen Mann mit Auslandserfahrung gebrauchen und der auch Informationen zur Fischerei zusammen tragen konnte.
Ich sagte zu Horst, der schon wieder rauchte, eigentlich müsstest du doch damals gemerkt haben, dass man deine Arbeit schätzte und dich brauchte für lauter solche komplizierten Prozesse, die nicht jeder bewältigen konnte. Und denke, an das Beira - Projekt, dass war doch ein Beweis, dass wir bei solchen Aufgaben gar nicht auf dich verzichten konnten.
Ich konnte ihn verstehen, dass er als Mecklenburger diese Geschichte mit dem Thunfisch und dem Minister nicht vergaß, weil er sich damals zutiefst getäuscht fühlte. Und dann meinte Horst Seffner, schon wieder mit einem Grinsen im Gesicht: „Ein Mecklenburger ist nicht nachtragend, aber er vergisst auch nichts! Da sind wir uns doch wohl beide einig.“

Es ist lange her, doch ich erinnerte mich:

Mit dem Beira - Projekt hatte ich damals nicht viel zu tun. Es wurde unter Regie des Afrikadirektors der VVB Hochseefischerei organisiert.
Von den Mosambikanern waren unsere Anfangsschwierigkeiten schnell vergessen. Die Erfolge, die wir nun mit den Garnelentrawlern erzielten, brachte sie auf die Idee, dass die Fischer der DDR auch weit im Norden in der Provinz Sofala, in Beira durch einen möglichen Einsatz von kleinen Fischereifahrzeugen und dem Fang von landesüblichen Fischarten erneut helfen könnten. Die Garnelenfischerei war nicht alles, was in unserem gemeinsamen Fischereivertrag stand. Nun wäre es an der Zeit mit neuen Aktivitäten diesen Vertrag zu erfüllen. Dr. Basulto war ein kluger Mann im Staatssekretariat für Fischereiwesen. Er wusste, nun musste nachgefasst werden, um weitere Unterstützung und Hilfe für das Land zu erhalten. Im Norden war der Hunger am größten und das Elend der Bevölkerung nahm immer mehr zu.
Der Direktor des Fischfangbetriebes Saßnitz, Karl Lembke, wollte die Möglichkeiten einer Kutterfischerei in Beira nicht selber prüfen. Aus welchen Gründen auch immer, er fuhr nicht nach Mosambik. Wer sollte nun diese Untersuchungen vornehmen? Sicherlich kein anderer als Kapitän Horst Seffner.
Ich glaube auch, mein Freund Karl Lembke, hätte dort in dem Land nichts erreicht. Er hätte die Hände über den Kopf zusammen geschlagen und wäre schnell wieder ins Flugzeug gestiegen. Bestimmt hätte er als Kommentar abgegeben: „ Unmöglich, dort, unter diesen Umständen Kutter einzusetzen und die Fischerei und den Verkauf zu organisieren."

Kapitän Seffner sah mich an, als ich ihm den möglichen Kommentar von Karl Lembke klar machte. Er rauchte schon wieder. Es qualmte fürchterlich, als wolle er seine innere Maschine auf „Volle Fahrt Voraus" einpegeln.

Fischerei mit Saßnitzer Kuttern in Beira - ich leite ein kleines Unternehmen gegen den Hunger der Bevölkerung

Er meinte: „Nun will ich dir diese Beira - Ereignisse noch erzählen, dann hast du genug über Mosambik, unsere dortige Arbeit und unser Leben gehört.

Beira - können Saßnitzer Kutter eingesetzt werden?

Ich setzte mich wieder ins Flugzeug. Es war im März 1984 als ich nach Beira flog. Wohl war mir nicht bei dieser Aktion. Die Mosambikaner versprachen sich von unserem dortigen Einsatz Unterstützung und Hilfe bei der Versorgung ihrer Bevölkerung mit Fisch. Doch ich wusste durch meine Kurzbesuche in Beira, dass die Voraussetzungen für die Stationierung von Kuttern nicht gegeben sind. Auch die Saßnitzer Kutter waren eigentlich wenig geeignet, für so einen Einsatz in diesem Gebiet. Ich dachte bei mir, wenn es doch zu einem Kuttereinsatz kommt, dann müssen wir schon einen bestimmten Aufwand betreiben und es müssen auch entsprechende Leute bereit sein, mit zu machen. Und weiter dachte ich, entscheide ich mich für keinen Einsatz, dann ist unser Vertrag, also unsere Garnelenfischerei in Gefahr. Das Fazit meiner Überlegungen war, du sitzt so richtig in der Scheiße und wenn im Ministerium diese Aktion groß untersucht wird, dann hast du für immer dein Ansehen verloren. Pardon, aber so wird es schon sein.
Doch ich hatte nun einmal zugesagt und ich traute mir auch zu, die richtige Entscheidung zu treffen. In Rostock konnte ich dann ja ganz nüchtern und sachlich das für und wider vortragen und sie konnten, mit den Konsequenzen im Hinterkopf, immer noch nein oder ja sagen. Als ich soweit mit meinen Gedanken war, wurde mir wohler und ich befasste mich mit meinem Vorgehen dort in Beira.
Begleitet wurde ich dort von einem Mitarbeiter des Staatssekretariats, damit sich für mich alle Türen öffnen sollten.
In Beira angekommen machte mich das Elend, der Hunger

der Leute fast krank. Wenn es irgendwo auch nur das Gerücht gab, hier gibt es was Essbares zu kaufen, dann standen sie bis zum Umfallen und warteten. Sah man die Kinder auf der Straße, ihre großen fragenden Augen und die entgegenstreckenden Hände, um etwas gegen den Hunger zu erbetteln, dann war ich wie geschockt. Diese Bilder konnte ich nicht verdrängen. In Gedanken sah ich immer wieder die hungernden Kinder und Menschen. Ich dachte schon wieder, ohne, dass ich die Anlagen und Einrichtungen und notwendige Organisationsformen gesehen und untersucht hatte, du musst helfen, es ist deine Pflicht, etwas zur Verringerung dieses miserablen Zustandes der Menschen, einzuleiten.
Wir besuchten die Firma Emopasca mit der wir zusammen die Kutterfischerei starten und betreiben sollten. Sie waren für den Hafen zuständig und verkauften auch den Fisch der eigenen Fischer. Sorgten auch für die Bebunkerung der kleinen Schiffe. Ihr Interesse war nicht all zu groß. Anscheinend ließen sie es über sich ergehen. Interesselosigkeit und Unvermögen etwas richtig und von Dauer zu organisieren, fand ich hier im Lande immer wieder vor. Schade um diese Menschen, eigentlich war vieles an Einrichtungen vorhanden, um arbeiten zu können. Sie ließen es verkommen oder bekamen es von der Organisation nicht in den Griff. Ich sah mir die Eisfabrik an. Sie war wichtig für die Kutterfischerei. Ein Portugiese sorgte dafür, dass sie gerade noch lief. Er hatte wohl goldene Hände. Er musste improvisieren, sich immer was einfallen lassen, damit die Eisfabrik weiter lief. Die kleinen mosambikanischen Kutter benötigten das Eis zum Vereisen ihrer Fänge. Aber das Eis auf die Schiffe zu bekommen, war für sie schon ein Problem.
Unser Schiffsingenieur Heinz Noack arbeitet bei einer Technik-Firma als Berater. Viel zu tun hatte er nicht, es gab wohl viel zu beraten, aber es tat sich nichts, es wurde nichts verändert oder blieb schon in der Anfangsphase stecken. Ich sprach mit ihm. Eigentlich machte er mir Mut und meinte, wir könnten es schaffen, wenn wir von uns Kollegen mit einsetzen können. Bei manchen Anlagen sind nur kleine Fehler und eigentlich ist es alles eine Frage der Organisation. Die Menschen mussten immer wieder angeschoben werden und man musste dran bleiben, dann bewegte sich manchmal etwas.

Es lebten noch andere Familien aus der DDR hier in Beira. Ich schaute mir an wie sie untergebracht waren und erkundigte mich nach den Bedingungen, die auch ich dann beachten musste. Mein Bericht für zu Hause wurde über 11 Seiten lang. Ich zählte auf, welche Maßnahmen realisiert werden müssten, wenn ein Kuttereinsatz erfolgen sollte.
Unter anderem forderte ich ein Proviantdepot, einen PKW, einen LKW, einen Barkas für kleinere Transporte, Transportbänder, Wohnungseinrichtungen für die Mitarbeiter, Ersatzteile für die Schiffe, Netze als Ersatz und vieles mehr.
Ich hatte in Beira auch den Provinzgouverneur von Sofala besucht, weil er alleine über Dieselkraftstoffreserven verfügte. Er sicherte mir eine Versorgung der Kutter zu. Versicherte mir auch, mich bei dieser Aktion zu unterstützen. Der angelandete Fisch sollte über Emopasca verkauft werden. Die Eisfabrik sollte von Mosambikanern wieder in Betrieb genommen werden. Sie sollten sie dann auch für unsere Schiffe betreiben.
Doch was sollten unsere Kutter eigentlich hier fangen? Ich machte es mir einfach und ging davon aus, dass es ein gleiches Sortiment sein würde, dass auch die heimischen Fischer hier anlandeten und verkauften. Das sah ich mir an und dachte, wir werden bestimmt mehr fangen, als diese doch recht alten Schiffe.
Es könnte was werden, wenn die Kutterkapitäne und ihre Besatzungen mitziehen, wenn ich noch einige tatkräftige Menschen dazu bekommen würde. Dabei dachte ich auch an Heinz Noack, der hier für uns die Technik übernehmen könnte. Das wäre schon was ganz sicheres für den Erfolg. Er war seit 1982 bei der Firma Tecnipesca unter Vertrag.
Am 06.05.1984 war ich wieder in Rostock.
Bei der Beratung meiner Untersuchungsergebnisse schlug ich vor, die Aktion zu starten, wenn meine Forderungen erfüllt werden und ich auch im nachhinein Unterstützung erhalte. Ich sah immer noch die bittenden Augen der Kinder vor mir und die Mühen der Menschen, an Nahrungsmittel heran zu kommen. Ich war mir des Risikos bewusst, welches ich mit diesem Standpunkt einging. Dem Kuttereinsatz wurde zugestimmt. Die Vorbereitungen konnten

Mosambikaner und die Besatzung
der Saßnitzer Kutter beim Löschen.

Unser Unternehmen in Beira
mit den Saßnitzer Kutter.

Saßnitzer Kutter „Seewolf"
war in Beira im Einsatz.

Kpt.Seffner wartet
auf das Einlaufen der Kutter.

Fisch wird zum Verkauf bereit gestellt.

Kpt.H.D. Seffner an der Pier

Unser Unternehmen in
Beira fand höchste
Anerkennung von der
Regierung.

sch wird an die Pier gestellt
e Händler kommen zum Kauf

Staatsbesuch

einunternehmer H.D.Seffner

Ministerpräsident Dos Santos und der Generalkonsul
Paul Stenzel bei den Kutterbesatzungen

aufgenommen werden, nachdem durch den Generaldirektor der VVB Hochseefischerei entsprechende Beschlüsse gefasst wurden.
Im August 1984 traf alles, was ich an Materialien und Gegenständen gefordert hatte, mit einem DSR-Schiff in Beira ein.
Kurz darauf, Anfang September war auch ich wieder in Beira.

Beira - die Arbeit beginnt,
4 Saßnitzer Kutter mit Besatzungen kommen

Die erste große Enttäuschung war, in der Eisfabrik funktionierte nichts mehr. Es gab auch keinen Ansprechpartner mehr. Alle zuckten die Schultern und dachten wohl, die müssen schon selbst sehen, dass sie die Anlagen zum Laufen bringen. Eigentlich dachte ich, die Mosambikaner würden sich an unserem Hilfsprojekt aktiv beteiligen und froh über unsere Aktion sein. Pustekuchen, wir standen so gut wie alleine da. Kurzerhand übernahmen wir einfach die Eisfabrik. Das Staatssekretariat hatte natürlich zugestimmt. Wir reparierten und die Eisfabrik konnte wieder produzieren. Wir, das waren die 5. Kutterbesatzung und der Kältemeister Dieter Wäsch aus Maputo. Er war dort in einem Kühlhaus eingesetzt. Die 5. Kutterbesatzung diente zur Entlastung der anderen Kutterbesatzungen. Sie brauchten auch ihre Freizeit unter diesen für sie besonderen Bedingungen. Ich bekam dann nach einer gewissen Zeit einen ständigen Kältemeister und einen versierten Techniker, die die Reparaturen und auch die Instandhaltung der Kutter in die Hände nahmen. Mit der Eisfabrik hatten wir auch Tief- und Leichtkühlfläche von je 50 Quadratmetern übernommen. Wir lagerten unseren Proviant selbst bei uns ein. Als technische Leiter kamen dann im Wechsel die jungen, ehrgeizigen und unermüdlichen Spezialisten Dieter Bartuschat und Thomas Hartung. Auch der alte Haudegen Karl Sobotta aus unserem Betrieb war bei uns im Einsatz.
Später bauten wir eine zweite Scherbeneisanlage auf, um den Anforderungen der Kutter gerecht zu werden. Den Aufbau leitete Heinz Noack, der danach aus seinem Vertrag herausgelöst wurde und nun als Technischer Leiter für unser Projekt arbeitete.
Als die Kutter eintrafen, hatten wir eine Reihe Vorbereitungen

abgeschlossen und es konnte losgehen. Die Kutterbesatzungen hatten eine lange und beschwerliche Reise. Es war Oktober 1984 geworden, als die Kutter SAS 298 „Zwergwal“ und SAS 318 „Sägehai“ unter Leitung der Kapitäne Horst Müller und Horst Wendt hier in Beira festmachten. Die armen Kerle waren um die 63 Tage unterwegs. Sie schipperten durch die Biskaya und umrundeten das Kap der „Guten Hoffnung“. Es war eine halbe Weltreise. Sie hatten auf dem Fangplatz Namibia von unseren Schiffen neuen Proviant und auch Treibstoff übernommen.
In Beira wurden sie sofort bebunkert; und schon am nächsten Tag liefen sie aus. Wir konnten ihnen nicht allzu viele Hinweise über die Fischereimöglichkeiten vor der Küste geben. Sie sollten sich an die einheimischen Kutter halten. Damit waren sie eigentlich auf sich alleine angewiesen, mussten selbst sehen was da draußen möglich war. Ich muss schon sagen, die Kutterbesatzungen waren gut eingestellt. Sie waren neugierig, was sie auf See erwarten würde. Mit viel Spaß und auch der richtigen Einstellung nahmen sie ihre Arbeit auf.

Erster Fisch wird angelandet

Am nächsten Morgen waren die Kutter wieder da. Ich hatte fast die ganze Nacht nicht geschlafen und mir viele Gedanken gemacht, was sich dort draußen wohl abspielen würde. Ob sie gleich die richtigen Plätze gefunden hatten und wie sie mit dem Fisch umgehen würden. Sie sollten alles mitbringen, was ins Netz lief.
Die Kapitäne Wendt und Müller strahlten, als sie festmachten und der Fisch von ihnen selbst an die Pier gestellt wurde. 10 t und 8 t waren das Ergebnis des einen Tages. Ein Gemisch von Leuchtsardinen, Schildmakrele, Schwertfischen, Rochen, Haie bis zu den edelsten Sortimenten. Aber wenig Bonitos, Langusten und Garnelen waren dabei. Die Ware kam zum Fischhändler Emopasca in unseren Kisten.
Wir dachten, nun haben sie den ersten Fisch und sie können ihn verkaufen. Doch wir hatten uns geirrt. Die Kisten standen am nächsten Morgen noch da. Jetzt natürlich ohne Eis und der Fisch begann zu stinken und sah nicht mehr gut aus. Als wir erschienen und Druck machten, haben sie ihn noch verkauft. Es war wohl mehr

Unvermögen als Gleichgültigkeit, was wir erlebten.
Wir reagierten und von nun an wurde der Fisch gleich nach dem Einlaufen der Kutter an die Abnehmer des Fischhandels verkauft. Unsere Kutterbesatzungen freuten sich, dass wir so schnell reagierten. Ihre Bereitschaft durfte auf keinem Fall eingeschränkt werden. Damit nicht noch weitere Probleme auftauchten, verkauften wir die Ware nur gegen Barzahlung. Es hatte sich alles schnell eingespielt und es lief.
Von dem Erlös bezahlten wir alle anfallenden Kosten, auch unsere Mieten und die Energie, das Wasser, Hafengebühren, Löhne, Versicherungen, den Dieselkraftstoff und später dann auch das Docken der Kutter.
Zwei weitere Kutter waren nun eingetroffen. Die Kutter SAS 303 „Seewolf“ und SAS 305 „Sattelrobbe“ unter Leitung der Kapitäne Wolfgang Lorenz und Volker Ziegner stiegen sofort in die Fischerei ein. Sie staunten, wie anfangs auch ihre Kollegen über das breite und ungewohnte Sortiment.
Es lief hervorragend mit den Kutterbesatzungen. Sie freuten sich, wenn der Fisch, sofort von der Pier an die Händler ging. Sie hatten sich auch auf die Bedingungen auf den Fangplätzen eingespielt und fühlten sich beinahe wie zu Hause. Sie empfanden, dass sie hier gebraucht wurden und sie helfen konnten. So steckten sie selbst viele Unannehmlichkeiten einfach weg und ließen sich die Laune nicht verderben. Obwohl ihr Verdienst abgesichert war, kämpften sie um jede Tonne Fang. Sie waren es ja von zu Hause aus gewöhnt, untereinander um die besten Ergebnisse zu ringen. Wir dagegen versuchten, die Betreuung einfach so gut wie es ging zu gestalten und ihre Freizeitgestaltung zu unterstützen.

Staatsbesuch

Unser Fischereiprojekt hatte einen guten Ruf. Wir alle waren stolz, als der zweithöchste Mann in Mosambik, Ministerpräsident Dos Santos, mit dem Generalkonsul der DDR Paul Stenzel den Kutterbesatzungen einen offiziellen Besuch abstattete. Er sprach mit den Besatzungen, bedankte sich und forderte auch die Mosambikaner zu mehr Aktivitäten auf. Er meinte damals, solche langfristigen

Unternehmungen benötige sein Land. Dieser Besuch erregte hier in der Stadt schon Aufsehen. Ich glaube, dieser Besuch spornte die Kutterbesatzungen noch mehr an. Wir waren ein richtiges kleines Unternehmen, das wohl zu Emopasca gehörte, aber vollständig selbständig arbeitete.

Probleme gab es genug

Erschüttert waren wir, als durch die Banditen, die in den Wäldern operierten und die Regierung stürzen wollten, die Starkstrommasten gesprengt wurden. Die ganze Stadt und auch die Umgebung waren ohne Strom und Wasser. Für uns bedeutete diese Situation kein Wasser, denn der nötige Wasserdruck fehlte. Dadurch gab es auch kein Eis für die Kutter. Und ohne Eis, natürlich keine Fischerei. Nun lebten wir von unseren angelegten Vorräten an Eis und auch Wasser. Wir bestellten ein Notstromaggregat in Rostock. Doch eigentlich konnten wir nicht so lange warten, bis es hier war. Die Fischerei durfte nicht still stehen. Unser Fischereivertreter in Maputo, Jochen Barthel, organisierte über das dortige Verteidigungsministerium ein Notstromaggregat. Es stand aber im Banditengebiet und musste erst sichergestellt werden. Die Leipziger Geophysiker hatten es zurück gelassen. Es wurde nun von der Armee zurückerobert. Als es bei uns auf dem Hof stand, hatte es Durchschüsse und stand auf platten Reifen. Heinz Noack prüfte es sofort und es lief. Wir setzten es sofort in der Eisfabrik ein. Welch eine Freude, als wir das erste Eis wieder in die inzwischen fast leer gefahrenen Eisbunker fahren konnten. Man stelle sich vor, unsere Eisfabrik in der stockfinsteren Millionenstadt, war der einzige Ort, der hell erleuchtet war.
Nun fehlte das Wasser. Mit dem Brunnen, den wir bohren ließen, konnten wir nichts anfangen. Das Wasser war brackig. Wir waren auf gutes Wasser angewiesen, konnten kein anderes Wasser nutzen. Es gab immer wieder Probleme mit dem Wasser in der ganzen Stadt. Lief das Wasser, dann versuchte jeder hier Wasser abzufüllen und sich eine Reserve anzulegen. So, natürlich auch wir. Also schafften wir uns Speichermöglichkeiten. Wir mussten unsere Vorräte immer wieder vergrößern, da sonst unsere notwendige Eisproduktion nicht gesichert war. Wir hatten eine starke Pumpe

mit einem 10 t Tank auf einen geliehenen Anhänger montiert. Bei Stromausfall, fehlte sofort der Wasserdruck. In den Leitungen der Stadt stand aber noch eine große Menge an Wasser. Wir pumpten es einfach ab. Auch aus einem Teich, der brauchbares Wasser hatte, holten wir Nachschub für die Eisproduktion.
Es gelang uns auch, die Feuerwehr einzuspannen. Hatten wir mal überhaupt kein Wasser mehr, dann holten die Feuerwehrleute für uns Wasser, um die Becken zu füllen. Der Chef der Feuerwehr kam dann persönlich, um sich zu überzeugen, dass wir wieder Wasser für die Eisproduktion hatten und alles vernünftig abgelaufen war. Von uns erhielten sie für ihre Leistungen Fisch aus den Kutteranlandungen. Deshalb kamen sie immer gerne zu uns.

Ein Schweinchen sorgt für Abwechslung

Während meiner Urlaubszeit wurde ich durch Kapitän Ulli Weber vertreten. Er bekam ein Ferkel geschenkt. Wie dies zu stande kam, kann ich auch nicht sagen. Fest steht aber, so ein Schweinchen in dieser Zeit und hier in Beira zu haben, war das gleiche, als wenn wir ein Zebra zu Hause im Garten groß gezogen hätten. Dieses Ferkel wurde der Liebling unserer Mitarbeiter in der Eisfabrik. Es wurde sagenhaft verwöhnt. Ständig suchte es Kontakt, um gekrault zu werden. Sein Lager hatte es unter einer Wendeltreppe, die zu unserem Speiseraum führte. Es lief die ganze Zeit frei herum und fand natürlich auch immer wieder den Weg in die Kombüse, die wir eingerichtet hatten. Der Koch versorgte es immer mit kleinen Abfällen und mit Streicheleinheiten. Leider blieb das Ferkel ein kleines Ferkel, es wurde nicht stubenrein und man musste immer auf der Hut sein, um nicht in einen Haufen zu treten.
Als ich aus dem Urlaub nach drei Monaten zurück war, hatte sich das kleine Schweinchen zu einem kräftigen Läufer entwickelt. Ich hatte einige Male nicht aufgepasst und musste meine Schuhe reinigen. Doch dies war das geringste Übel, der Geruch war bei den Temperaturen nicht mehr zu ertragen.
Ich legte fest, das Ferkel muss weg. Proteste gab es auf der ganzen Linie und fand überhaupt keine Zustimmung bei unseren Mitarbeitern. Doch ich blieb hart. Eine Eigenverwertung fand

ebenfalls keine Zustimmung, weil sich alle an das Tier mit seinem Gehabe gewöhnt hatten. Auch gab es keine Möglichkeit das Fleisch zu untersuchen. Wer sollte nun das Schwein erhalten. Auf Grund der Hilfe, die wir immer wieder von der Feuerwehr erhielten, legte ich fest, dass die Feuerwehr das Schwein erhält. Sie freuten sich riesig, fütterten es dann noch bis Weihnachten und dann haben sie es verspeist. Wir hatten es nun noch etwas leichter mit unserem Wasser.

Beziehungen sind überall wichtig

Beziehungen hier in Mosambik waren genau so wichtig, wie wir es von zu Hause her kennen. Als wir anfangs nach Wohnungen in dieser Millionenstadt suchten, schien dies wieder ein Problem zu werden. Doch wir hatten Glück und durch unser Vorhaben mit den Kuttern auch sofort Unterstützung. Ein Hochhaus, das noch die Portugiesen gebaut hatten, aber nicht vollendet wurde, wurde jetzt fertig gestellt. Wir erhielten drei Wohnungen in der 3. Etage. Unter uns waren Büroräume und dort zog die Zollverwaltung der Provinz ein. Eines Tages begegnete ich dem Chef der Provinzzollverwaltung. Er hatte von unserer Arbeit erfahren. Er fragte nach den Garnelentrawlern dort unten vor Mabuto und natürlich nach den Kuttern und ihren Fängen. Ganz nebenbei meinte er, er würde sich bei Gelegenheit etwas Fisch abholen. Ich dachte, so eine Verbindung ist Gold wert. Im Fischereihafen hatten wir Leicht- und Tiefkühlfläche für unseren Proviant gemietet. Als in der Eisfabrik die Kühlräume wieder in Ordnung waren und wir dort einlagern konnten, sollte unser Proviant auch hier liegen. Bisher musste ein Zöllner sein Einverständnis geben, wenn wir Proviant abholten. Ich sprach mit dem Zollchef und er gab uns die Genehmigung für die Einlagerung, ohne Einfuhrgenehmigung, in den Kühlräumen der Eisfabrik. Kam nun Proviant mit den DSR-Schiffen für uns hier an, dann musste nur ein Zöllner den Transport zur Eisfabrik begleiten. Mit etwas Fisch hatte ich schon in Kuba so manches Problem behoben und hier war es nicht anders. Auch als der Zollchef tödlich verunglückte, hielten die kleinen Fischpakete auch bei seinem Nachfolger alle Wege offen.
In einer ruhigen Stunde, habe ich nach einem erneuten Stromausfall einmal aufgerechnet, wie oft wir Ausfälle hatten. 1985

gab es in Beira, wenn alles addiert wird, einen Monat Strom und auch nur einen Monat Wasser. Ja, elf Monate nichts, gar nichts. Trotzdem schafften wir es, unsere Kutter immer wieder mit Eis zu versorgen. Die Kutterbestzungen landeten in diesem Jahr 2600 Tonnen Fisch an. Wir waren ein gutes Kollektiv und sie konnten unsere Arbeit hier an Land am besten einschätzen. Wir zogen alle an einem Tampen und ergänzten uns gegenseitig. Hilfe gaben wir immer wieder den unterschiedlichsten Einrichtungen in der Stadt. Unsere Techniker reparierten so manchen Schaden und die Menschen freuten sich sehr über unsere Unterstützung.
Das Solidaritätskomitee der DDR wurde auf unsere Tätigkeit hier unten aufmerksam. Sie schickten an unser Fischereiprojekt hier nach Beira 200 Paar Schuhe, Hosen, Jacken, Oberhemden und auch Unterwäsche. Ein DSR - Schiff brachte diese Sachen mit. Vorrangig erhielten unsere Mitarbeiter diese Bekleidungsstücke. Da war die Freude groß.
Unsere mosambikanischen Mitarbeiter staunten über diese Aktivitäten. Was wir hier taten, wurde überall hoch anerkannt.
Vom Solidaritätskomitee der DDR erhielt ich die Bronzemedaille für antiimperialistische Solidarität. Im Betrieb zu Hause wusste niemand davon.
Die Zeit lief dahin. Ich war zwischenzeitlich wieder mal zu Hause gewesen. Man schickte mich zur Klärung bestimmter Probleme mit den Schiffen nach Luanda oder auch mal wieder zum Fischkauf. Ich spielte immer noch den Feuerwehrmann.
In Beira vertrat mich ab 1985 unser Kapitän Rudi Lehmann. Er hatte zuvor als Fangleiter für die Garnelentrawlerflotte gearbeitet.

Bei den Garnelentrawlern waren die Garnelenfänge stabil. Alles hatte sich eingelaufen und funktionierte ganz gut. Zeitweise lagen die Ergebnisse sogar bei 1,5 t Garnelen pro Tag. Doch wenn die Leistungen durchschnittlich bei 800 kg bis zu einer Tonne lagen, war es ein hervorragendes Fangergebnis. Betrachtete man die Menge und verglich sie mit dem Fang von Fischen durch unsere anderen Fangschiffe, waren die Garnelenfänge gering. Aber der Wert machte ja das Geschäft aus.

Dies richtig einzuschätzen viel sogar einigen, von dir als Topmanager bezeichneten Großschiffkapitänen schwer. Einige hatten wirklich Schwierigkeiten über ihren Horizont hinaus zuschauen. Als ich dort mal an Bord, während des Fischkaufgeschäftes war und wir die Fangmeldungen studierten, meinte der Kapitän der „Jungen Welt" als ich mich über die Mengen freute. „Absolut unakzeptabel solche Fänge, Unsinn so was zu dulden." Er hatte vergessen, dass der Fischkauf auch von diesen vier Garnelentrawlern finanziert wurde. Sicherlich wurden die anfallenden Kosten nicht restlos gedeckt, aber wo war das überhaupt in der Fischerei möglich.
Auf See hatten wir, auch hier bei den vier Garnelentrawlern einen Fangleiter See eingesetzt. Kapitän Rudi Lehmann leitete über eine lange Zeit, bis 1985, den Einsatz. Zur Unterstützung hatte er einen Techniker an seiner Seite. Das war wichtig, weil die technischen Ausfälle uns oft vor große Probleme stellten. Es waren die Kollegen Passenberger, Kliem und Trottfeld, die sich mit der Technik der Schiffe bestens auskannten. Rudi Lehmann war ein ruhiger sachlicher Fischersmann. Er war zuvor, hier in der Flotte, selbst als Kapitän tätig. Dann ging er nach Beira in unser Projekt. Neben Kapitän Lehmann arbeiteten auf See als Fangleiter auch zu unterschiedlichen Zeiten Eckard Riediger, Helmut Hegemann und auch mal Horst Kirschnick. Doch mit der Zeit lief auch hier unten alles in geordneten Bahnen. Unser Fischereivertreter Joachim Barthel hatte in Maputo die Organisation fest im Griff.
Kollege Barthel beendete seine Tätigkeit 1986 im Juni und übergab die Fischereivertretung an Heinz Noack, den wir aus Beira abzogen. Auch seine Ehefrau Inge war nun hier im Lande.
Der Abtransport unserer Fertigware lief auch zufriedenstellend ab. Als Zwischenstation für die Lagerung der Garnelenprodukte hatten wir zeitweilig den Frosttrawler „Lofoten" eingesetzt. Eine Zwischenlagerung an Land war uns zu riskant, da die Stromausfälle doch recht häufig waren. In Beira hatten wir mit dem Verfall der Landeswährung immer mehr Probleme, unser Projekt kostendeckend zu gestalten. Unser Hilfsprojekt näherte sich wohl seinem Ende.
Trotz aller Probleme, die ich durch unsere eigenen Regierungsleute in Mosambik hatte, war ich fast 10 Jahre in diesem Land tätig.

Darauf bin ich doch recht stolz. Ich konnte dort ein wenig helfen, die Not zu lindern und habe auch meinen Anteil an der Garnelenfischerei unserer Besatzungen.
Wenn man nun denkt, dass unsere Aktionen, unsere Arbeit in Mosambik vergessen sind, dann irrt man sich. Die deutschen Mosambikaner treffen sich jedes zweite Jahr in Berlin oder in einem anderen Ort und tauschen immer noch ihre Erlebnisse und ihre Sorgen aus, die sie dort hatten. In all den Jahren war auch der Botschafter von Mosambik dabei. Das soll schon was heißen und wie er sagte, soll seine Anwesenheit, eine Anerkennung unserer Arbeit für sein Land sein. Erstmals nahm auch unser jetziger Botschafter in Mosambik an unsere Zusammenkunft teil.
Ich selbst musste mit der Wende, alles was ich in Mosambik aufgebaut hatte, abwickeln, wie wir hier sagten. Das letzte Mal war ich im Oktober 1990 in Maputo und Beira. Die letzten 100 Tonnen Garnelen mussten abtransportiert werden.
Am 28. Februar 1990 wurde durch die Kutterbesatzungen die Fischerei eingestellt. Die drei noch einsatzfähigen Kutter wurden verkauft.

Am 31.08.1991 war auch für mich in Rostock die Zeit abgelaufen. Ich musste mich von meinem Betrieb, von der Rostocker Hochseefischerei verabschieden.
Doch ich habe meine Hände nicht in den Schoß gelegt. Ich helfe meinem Sohn in Wismar in der Umzugsfirma. „Seffner Umzug" ist im Norden und darüber hinaus sehr bekannt und auch gefragt. Ich helfe immer noch und fahre jeden Tag von Rostock nach Wismar und auch zurück. So soll es auch bleiben, solange ich noch arbeiten kann. „Ich finde es gut."

Das war die Geschichte vom Kapitän Horst-Dieter Seffner, von seiner Tätigkeit im Ausland für die Rostocker Hochseefischerei.
Er war und ist ein bescheidener Mann geblieben. Seine Leistungen und seine Einsatzbereitschaft sollen mit diesem Porträt noch einmal herausgestellt und gewürdigt werden. Gewürdigt werden sollen auch die Leistungen all derjenigen Kollegen, die mit ihm im Ausland für die Rostocker Hochseefischerei tätig waren. Ob in Kuba oder

Mosambik oder wo auch immer in der Welt, haben sie mitgeholfen den Einsatz der Flotte zu sichern. Ihre Arbeit war Voraussetzungen für viele Aktivitäten der Rostocker Hochseefischer, sie hat mitgeholfen den Einsatz der Flotte zu sichern und sie oft erst durchführbar gemacht.
Von Kapitän Horst Dieter Seffner bin ich überzeugt, dass er sich durch seine Arbeit für die Rostocker Hochseefischerei, für die Hilfe und Unterstützung der Menschen in Kuba und Mosambik, auch seine Lebensträume erfüllte.
Horst Dieter Seffner bat mich unbedingt abschließend auf zu schreiben, dass er seinem Betrieb, sagen wir einfach dem Fischkombinat Rostock, dankbar für seine persönliche Entwicklung in der Rostocker Hochseefischerei ist. Alles, was er sich erträumte, was er als Hochseefischer werden wollte, konnte er sich erfüllen. Heute ist er immer noch aktiv für die Rostocker Hochseefischerei. Er war so was wie ein Aktivposten für die Realisierung der Ausstellung über die Rostocker Hochseefischerei von 1950 bis 1990. Hat angeschoben, diskutiert, gemeckert und doch Menschen gewonnen, die sich ebenso für die Geschichtsbewahrung unserer Hochseefischerei einsetzten.
Ich kann mir nur wünschen, dass er noch lange für die Aufarbeitung unserer Geschichte Kraft hat und nimmer ermüdet.

Unsere Fischereivertreter

Kapitän K.D. Soyka

Kapitän H.D. Seffner

Kapitän Jürgen Petzold

Dipl.Ing Joachim Barthel

Kapitän Harald Kindermann

Chief Heinz Noack

Fangleiter und Garnelentrawlerkapitäne (Die Liste ist unvollständig)

Kapitän u. Fangleiter
Rudolf Lehmann

Kapitän Heinrich Schwarz

Kapitän Klaus Dietrich Müller

Kapitän Wolfgang Fehling

Kapitän Jürgen Peters,
Dipl. Ing. Joachim Barthel,
Fischereivertreter und Fangleiter
Kapitän Rudolf Lehmann

Frosttrawler und Kutterkapitäne

(Die Liste ist unvollständig)

Kapitäne Lehfold und Seifert

Kapitän Wendt

Kapitän Plaep

Nachgesang

Die erste Version dieses Buches - ein Unikat - schenkte ich Kapitän Seffner zu seinem 70. Geburtstag. Es ist ein bisschen Zeit vergangen und ich habe das Buch neu gestaltet und es mit meiner Tochter Elisa für den Druck vorbereitet. Wir sind gespannt, wie es aussieht. Wissen sollten Sie, dass ich mit meinen 72 Jahren noch einen eigenen Verlag gegründet habe; und dies mein erstes, selbstverlegtes Buch ist. Man möge mir verzeihen, wenn nicht alles gelungen ist, wir lernen aber dazu.

Dabei haben eine Reihe Freunde und ehemalige Kollegen mitgeholfen. Ich bedanke mich ganz herzlich.

Ein Dankeschön an Frau Brigitte Ziegner. Sie las Korrektur und gab mir so manche wertvollen Hinweise für Veränderungen.

Ein herzliches Dankeschön meinen ehemaligen Kollegen für die Hilfe und Unterstützung. Sie kramten in ihren Kisten und Kartons und schickten mir viele Bilder von der Hochseefischerei. Einige finden Sie in diesem Buch wieder. Andere werde ich in meine Homepage stellen. Ich möchte Ihre Namen hier noch einmal nennen: Falk Ubel, Thomas Menschel, R. Schommer, Helmut Hegermann, Heinrich Schwarz, Guntram Suzcek, Rudi Speer, Harald Kindermann, Thomas Dietrich, Franz Plag, Josef Günter, Manfred Radtke, Wilfried Denzler, Jürgen Petzold und Joachim Mill.

Bedanken möchte ich mich auch bei Kapitän Frank Thielecke, der mir Bilder vom Panamakanal und Seelandschaften übergab.

Ein Dankeschön an das Meeresmuseum Stralsund. Sie genehmigten mir, Bilder von unserem ehemaligen Kollegen Kurt Willi Wittig zu verwenden. Für die Unterstützung bei der Einsicht alter Betriebszeitungen „Hochseefischer" möchte ich Herrn Rüting vom Fischereihafen danken.

Ebenfall sollten Sie wissen, dass ein zweites Buch aus der Buchreihe „Hochseefischer, Menschen ganz besonderer Art" kurz vor der Vollendung steht. Es hat den Arbeitstitel „Ein Leben für die Hochseefischerei" und ist ebenfalls ein Porträt mit einer Vielfalt an geschichtlichen Ereignissen und natürlich vielen

Geschichten aus unserem Arbeitsleben. Auf das dritte Buch müssen Sie noch etwas warten. Es ist gut zur Hälfte fertig und es soll noch in diesem Jahr vollendet und herausgegeben werden.
Ich hoffe, Sie sind jetzt schon gespannt auf diese angekündigten Bücher über die Rostocker Hochseefischerei. Wie immer, bin ich Ihnen dankbar, wenn Sie mir Hinweise zum Inhalt der Bücher geben und auf Fehler hinweisen, die ich dann richtig stellen werde. Ich möchte so wahrheitsgetreu wie möglich, die Geschichte der Rostocker Hochseefischerei aufbereiten.

Besatzungsliste:

Frosttrawler:	**„Kattegat“ SAS 404**
Kapitän	Franz Plaep
I. NO	H.-Jürgen Dadak
II. NO	Wolfgang Hempel
II. NO	K.-Heinz Ulig
Funkoffz.	Uwe Venz
LTO	Siegfried Weitz
TO	Holger Frisch
TO	Martin Ziemer
TO	Heinrich Mundt
Elktr.	Uwe Zage
KM	Thomas Riedel
KM	Joachim Blumenthal
M-Assi	Simon
Koch	Siegler
Bestmann	Thomas Martin
Bestmann	H.-Joachim Kanal
Matr.	Mathias Betzin
Matr.	Heinz Söntag
Matr.	Olaf Sarom
Matr.	Olaf Burckert
PL	Manfred Prassek
PM	Manfred Wischerop
PM	Jürgen Nistolik

und 4 mosambikanische Seeleute zur Ausbildung

Vermerk vom Kapitän: Die Liste erhebt keinen Anspruch auf Vollständigkeit

Besatzungsliste:

Kutter:	**„Seewolf“ und „Sägehai“**

Kutter:	**„Seewolf“:**
Kapitän	Josef Günther
NO	Robert Luft
LTO	Peter Frommberger
M-Assi	Thomas Schulz
Matr.	Norbert Schocrf
Koch	Holger Haeb

und 2 mosambikanische Seeleute zur Ausbildung

Vermerk des Kapitäns: Die Liste erhebt keinen Anspruch auf Vollständigkeit

Kutter:	**„Sägehai“:**
Kapitän	Horst Wendt
NO	Gert Erler
LTO	Harald Tousaint
M-Assi	Helmut Plep
M-Assi	Wolfgang Rüdiger
Bestmann	Peter Wellzin
Matr.	Eckard Pietsch

und 2 mosambikanische Seeleute zur Ausbildung

Vermerk des Kapitäns: Die Liste erhebt keinen Anspruch auf Vollständigkeit

Glossar

Abfallen	den Kurs verändern
Achtern	hinten
achteraus	hinter dem Schiff
Alte	Kapitän ugs.
anlanden	Fisch/Fischproduktion an Land bringen
anschlagen	Netz mit den Standern u. Scherbretter verbinden
antauen	anschleppen
auslaufen	Hafen verlassen
Ausleger	beim Garnelentrawler, Gittermasten, die seitlich ausgelegt sind, an denen das Geschirr hängt
außenbords	außerhalb der Bordwand
Außenhaut	Gesamte Beplattung der Bordwände und des Schiffsbodens
Back	Aufbau auf dem Vorschiff, Tisch
Backbord	linke Schiffsseite
Ballast	tote Ladung, auch Gewichtsausgleich bezüglich der Stabilität
beidrehen	Bei Sturm Bug in den Wind legen, langsame Fahrt
Beifang	Nebenfischarten und Meerestiere, kleinere Mengen neben dem Hauptsortiment
Beihiever	Stahltrosse oder Tau mit Haken oder Schäkel zum Hieven – Fisch an Deck ziehen
Bestmann	Vormann der Decksbesatzung
Besteck	Bestimmung des Schiffsstandortes
Bewuchs	angewachsene Seepflanzen und Tiere am Unterschiff
Bilge	Raum über dem Kiel, tiefste Stelle im Schiff, Ansammlung von Leck- und Schwitzwasser
Brücke	Kommandostand, erstreckt sich meistens über ges. Schiffsbreite, Ruderstandort, Kartenhaus

Bug	vorderste Teil des Schiffes
bunkern	Treiböl oder Wasser an Bord nehmen
chartern	Schiff mieten
Chief	Leitender Technischer Offizier (LTO)
Chief-mate	1.Offizier, Vertreter des Kapitäns
Crew	Besatzung
dampfen	in Fahrt, sich vorwärts bewegen
Deccagerät	Navigationsgerät n.d. Hyperbel Funknavigationsverfahren
Drift	nicht beeinflusstes Treiben eines Schiffes in eine Richtung durch Wind oder Strömung
Dock	Techn. Anlage auf Werften und in Häfen, um das Schiff aus dem Wasser zu heben, Reparaturen und Konservierung der Außenhaut
dümpeln	Bewegung des Schiffes in unruhigem Wasser, bei Dünung
dwars ab	quer ab
Fahrensmann	Seemann, Hochseefischer, der berufsmäßig zur See fährt
Fahrwasser	Fahrrinne für Schiffe
Fender	gr. Gummibehälter mit Luft gefüllt, hängt zwischen den Schiffen
fieren	ein Tau oder d. Kurrleine ablaufen lassen von einer Trommel oder auch Talge d.Tau gleiten lassen
Fischgalgen	zweibeiniger Stahlbock über der Bordwand geneigt. Über dort angebrachte Hangerrollen laufen die Kurrleinen zum Geschirr. Auf Kuttern, Loggern und Seitentrawlern vorhanden
Fischkombinat	Großbetrieb der Fischwirtschaft mit Flotte
Fischlupe	Echolot
FVS	Fang- und Verarbeitungsschiff
Gang	aus d. Segelschiffzeit - Besatung oder Teil davon, Löschgang auch d. Kollektiv

Garnelentrawler	für Garnelenfang umgebauter Zubringertrawler mit kl. Verarbeitung und kl. Tiefgefrierraum
Geschwindigkeit	in Knoten (Kn) gemessene Fahrt des Schiffes
gegenan	Schiff wird mit vertretbarer Geschwingigkeit gegen die See gesteuert, kl. Angriffsfläche für Seen und Brecher
Havarie	Beschädigung eines Schiffes
Heck	hinterer Teil des Schiffes
Headleine	obere Leine an der Öffnung des Netzes, Kopfleine
Heckfänger	Netz wird über eine Slip am Heck eingeholt und ausgesetzt, Gefriertrawler, Garnelentrawler, Zubringertrawler FVS
hieven	eine Last hochziehen, Netz einholen
Hol	Zeit zwischen Aussetzen und Einholen d. Netzes. ein Arbeitsablauf in d. Fischerei
Hoheitsgewässer	siehe Territorialgewässer
Jager	Stahlseil zwischen Netz u. Scherbrett
Kammer	Wohn- u. Schlafraum an Bord
kappen	abschlagen, durchschneiden einer Trosse oder auch Kurrleine
Klarieren	freimachen, entflechten, aufräumen
Knüppel	Stahlrohr am Ende des Jagers, falls kein Ponny gefahren wird sind hier Stander befestigt Stander führen zum Netz
Kollision	Zusammenstoß zweier Schiffe mit Schaden
Kopftau	siehe Headleine
Koje	fest eingebautes Schiffsbett
Korb	Gewichtseinheit an Bord - 1 Zentner -
Kombüse	Schiffsküche
kopflastig	topplastig, vorderlastig, meisten schlecht getrimmt
krängen	zur Seite neigen d. Winddruck, Seegang, oder schlechtes Stauen, trimmen

KTS	Kühl- u.Transport Schiff
Kümo	Küstenmotorschiff
Kurrleine	Stahltrosse in unterschiedlicher Stärke, am dem d. Scherbretter und danach d. Netz befestigt ist
Last	Vorratsraum auf d. Schiff
Läufer	bewegliches Seil
Lee	dem Wind abgekehrte Seite
Leck	undichte Stelle in der Außenhaut
lenzen	eingedrungenes Wasser, auch Schwitzwasser abpumpen
Logbuch	Schiffstagebuch
löschen	Entladen des Schiffes
Lose	durchhängen der Leine, nachgeben
Logger	kl. Fischereifahrzeug - Seitenfänger, Treibnetzf.
Luv	dem Wind zugekehrte Seite
Messe	Essen- u. Aufenthaltsraum f. d. Besatzung Offiziers- u. Mannschaftsmessen
mittschiffs	in d. Mitte des Schiffes
Netzmacher	Matrose mit guten Kenntnissen über Netz- u. Geschirreinstellungen und Netzreparaturen.
Ölzeug	wasserdichte Kleidung
Peildeck	Deck über der Brücke
Persenning	grobe Leinwand zum Abdecken von Booten, Luken
Piek Raum	unter Wasser liegender, spitzzulaufender im Bug des Schiffes, Nicht für Ladung geeignet
Poller	niedrige Festmachersäule am Kai oder Schiff
Ponnybrett	kl. Scherbrett vor d. Netzflügeln
Propeller	Schiffsschraube
Pütz	Eimer
Ringwade	ca. 200m tief und 600m lange Netzwand - wird um d. Fischschwarm gelegt u. Zugeschnürt

Rolle	Manöverstationen der Besatzung. Wer macht was z.B. bei Feuer im Schiff oder Mann über Bord
Rudergänger	Seemann, d. nach Weisung d. Kapitäns od. Wachoffiziers d. Schiff steuert
Rügen-Radio	war Haupt - Seefunkstation der DDR
Schanzkleid	über Deck ragende Bordwand, Schutzwand mit Wasserabflussöffnungen, ca. Relingshöhe
Seegang	Wellenbewegung der See
Schelf	Wasserfläche bis zum Kontinentalabhang, meistens bis 200 Meter gerechnet
Scherbrett	rechteckige od. ovale, auch gebogene Holz- oder Stahlbretter zum seitl. Öffnen der Netze. Größe in Abhängigkeit der Schleppkraft u. d. Eisatzes am Grund od. Pelagial
Schipper	Schiffsführer, Kapitän eines kl. Fahrzeuges, auch in der Ugs Kpt.
schleppen	Fahrt mit dem Schleppnetz
Schleppnetz	Fanggerät zum Schleppen
Schlingern	Rollbewegung d. Schiffes von einer Seite zur anderen
Seefahrtsbuch	im In- u. Ausland gültiger Arbeitsausweis, Nachweis über Musterungen, gültig f. Ausreise
Seekarte	kartographische Darstellung eines bestimmten Küsten- oder Meeresgebietes
Seemannsordnung	gesetzl. Reglung über d. Arbeit u. d. Verhalten an Bord von Seeschiffen, regelt Rechte u. Pflichten d. Besatzung
Sliphaken	Haken, der auch unter Belastung geöffnet werden kann. Bei Seitenfängern werden hier beim Schleppen die Kurrleinen am Achterschiff hinein gelegt
Schlagseite	seitl. Neigung des Schiffes

Schiffstagebuch	Logbuch, Journal, gesetzlich vorgeschriebenes Tagebuch, Positionen, Kurse, Wetter, Order, Ereignissen u.a.
Schott	Schiffstür
Spill	Hilfseinrichtung zum Hieven einer Leine
spleißen	mit einem Spleiß werden Tau- u. Drahtenden mit einander verbunden
Spring	Festmacherleinenstellung
Steuerbord	rechte Schiffsseite
Steuermann	naut. Offizier
Stag	Drahtseil zum Befestigen d. Mastes od. Verspannen
Stampfen	wenn Vor- u. Achterschiff abwechselnd ein- u. austauchen, Auf- u. Abwärtsbewegung d. Schiffes
Steert	Netzende, hier wird d. Fisch gesammelt
Steven	vorderer Teil d. Schiffes
Store	Ersatzteilvorratsraum
Talje	einfacher Flaschenzug
Tauwerk	Sammelbegriff für an Bord bef. Tauwerk
Trawl	auch Schleppnetz
Trawler	Hochseefischereifahrzeug
TVS	Transport- und Verarbeitungsschiff
VEB	Volkseigener Betrieb
Wache	Einteilung d. Besatzung in d. Borddienst
Wanten	zum stehenden Gut gehörende Drahtseile
Wake	größerer eisfreier Platz in eisbedeckter Zone
Zwangsweg	nach dem Krieg vorgeschriebener Schiffsweg
Z-Trawler	Zubringertrawler, übergibt seinen Fang an ein Mutterschiff

Bildquellennachweis:

Titelbild, vorne u. hinten	W.K.Wittig, Archiv Deutsches Meeresmuseum Stralsund
Kapitän Horst Dieter Seffner	Seffner Kpt.
Logger „Karl von Ossietzky“	Kröger
„F.C.Weisskopf“	Seffner
Heringe an Deck	Stephan
Kontrolle auf der Back	Seffner
Kabeljau	Stephan
Alter Fischereihafen	W. K. Wittig; Archiv Deutsches Meeresmuseum Stralsund
„Johannes R. Becher“	W. K. Wittig; Archiv Deutsches Meeresmuseum Stralsund
gierige Möwen	Stephan
Besatzung „Patriot“	Seffner
an der Eisgrenze	W. K. Wittig; Archiv Deutsches Meeresmuseum Stralsund
Arbeiten am Geschirr	W. K. Wittig; Archiv Deutsches Meeresmuseum Stralsund
Fischerei im Eis	W. K. Wittig; Archiv Deutsches Meeresmuseum Stralsund
Als Kapitän auf „J.R. Becher“	Seffner
Fischereihilfsschiff „R. Koch“	Petzold Kpt.
BA per Schlauchboot	Sindermann, Fotojournalist
es brist	Kröger
„R. Koch“ in Havanna	Seffner
unser Flieger	Ubel Hochseefischer
Freizeitgestaltung, Kpt. Damaschke	Seffner
Keulenwerfen	Seffner

Hafeneinfahrt Havanna	Menschel Chief
Kabeljau	Ubel
Robert Koch BA	W.K.Wittig,Archiv Deutsches Meeresmuseum Stralsund
Blick von See auf Havanna	Menschel
„Walter Dehmel“ Havanna	Seffner
Schiffsleitung „W. Dehmel“	Seffner
Flaggen im Mast	Menschel
Kurs Panamakanal	W. K. Wittig; Archiv Deutsches Meeresmuseum Stralsund
Schleusen Panamakanal	Thielicke Kpt.
Uferlandschaften	Thielicke
America Bridge	Thielicke
„R. Koch“ in Acajutla	Seffner
BA in Acajutla	Seffner
Nachversorgung	Seffner
Obst und Gemüse	Seffner
„F. C. Weisskopf“ im Pazifik	W. K. Wittig; Archiv Deutsches Meeresmuseum Stralsund
„R. Koch“	Kröger
Sturm im Pazifik	Petzold
Anflug Maputo	Radtke
Airport Maputo	Radtke
Tiefwassergarnele	Hegermann Kpt.
Im Büro	Seffner
Catolic Catredal of Nossa	Hegermann
Blick auf Stadt, Hafen	Hegermann
Frosttrawler „Kattegat	Kröger - Autor
Frosttrawler Malangen	Suczek Ökon. Fangltg. See
Garnelentrawler	Menschel
Fischereikarte	Schwarz
Kapitän Franz Plaep	Plaep
Riesenfisch	Plaep

Sägefisch	Plaep
Riesenrochen	Plaep
Hammerhai	Plaep
Kpt. Plaep am Brückenfenster	Plaep
Produktionsberatung	Plaep
Schildkröte	Plaep
Hai	Plaep
Seltenes Exemplar	Plaep
Geschirr am Ausleger, Besuch	Menschel
Ansteuerung Maputo	Schommer Nautiker
Garnelen im Netz	Radtke
Schleppen	Radtke
Garnelen Größenv.	Schommer
Gefriertrawler „H. Baum“	Strobel Buchautor
Maputo Hafen. längsseits	Schommer
Zurück von der Fangreise	Radtke
Hafen Maputo	Schommer
Das marktfähige 2 kg Paket	Hegermann
Spaziergang	Denzler
Markttreiben	Denzler
Binnenreede	Radtke
Blick auf Maputo vom Hafen	Menschel
Hieven	Hegermann
Geschirr an Deck	Radtke
Hai	Radtke
Hai	Radtke
Im Dock	Radtke
Mosambikaner..löschen	Seffner
Saßnitzer Kautter „Seewolf“	Sammlg. Kröger
Kpt. Seffner wartet	Seffner
Bereitstellung für den Verkauf	Seffner
am Pier	Seffner
Fisch, Händler	Seffner
Der Kleinunternehmer	Seffner
Hoher Besuch	Seffner
Kpt. Soyka	Soyka

Kpt. Seffner	Seffner
Kpt. Petzold	Petzold
Kpt. Kindermann	Kindermann
Dipl.Ing. J.Barthel	Barthel
Chief Noack	Noack
Kpt. Lehmann	Lehmann
Kpt. Schwarz	Schwarz
Kpt. Müller	Müller
Kpt. Fehling	Sindermann
Kpt. J. Peters, Dipl. Ing. Barthel	Lehmann
Kpt. Lehmann	Lehmann
Kpt. Lehfold, Seifert	Seifert
Kpt. Plaep	Plaep
Kpt. Wendt	Wendt